U0394190

纺织服装教育"十四五"部委级规划教材
职业教育新形态教材

总主编 黄煜欣 李 娜 秦海宁

COFFEE ————————

世 界 民 族 饮 品 文 化
咖啡制作篇

主　编 罗媛媛 余 冰 伍依安
副主编 刘春艳 蒋 科 阮佳佳
参　编 韦俊旭 韦兰甜 谢宇斯 林 姿 黄春云
　　　　兰丽丽 余 虹 蒙俏妮 常艳嫦 李海辉
　　　　黄宇飞 陶 静 宁方方 蒋 钰
　　　　韩 晶 苏月玲 陈曼琦
企　业 罗 倩（厦门康莱德酒店）
企　业 潘家佳（广州沐辰学院）

咖啡制作视频教学合集

东华大学出版社
·上海·

内容简介

本书是在参考市面上大量咖啡教材和深入企业调研的基础上，紧密结合咖啡市场发展形势，针对中等职业技术学校的特点，采用单元任务的形式编写，将全书分为4个单元：初识咖啡、使用咖啡器具制作咖啡、经典咖啡制作、咖啡厅服务，共计21个任务。这些任务既相互独立又相互联系，其中第三单元中的每项任务还增加了拓展任务，让读者尽可能掌握更多的咖啡制作方法。另外，本书附有咖啡制作微视频，增强了可读性与可操作性。本书从强化培养操作技能，掌握实用技术的角度出发，较好地体现了当前新的咖啡制作实用知识与操作技术。本书理论知识扎实易懂，操作步骤清晰，可作为中等职业学校旅游服务类专业的教学用书，也可作为社会人员岗位培训的参考教材和咖啡爱好者的自学用书。

图书在版编目（CIP）数据

世界民族饮品文化 . 咖啡制作篇 / 罗媛媛 , 余冰 ,
伍依安主编 . -- 上海：东华大学出版社 , 2021.9
　　ISBN 978-7-5669-1964-9

　　Ⅰ . ①世⋯ Ⅱ . ①罗⋯ ②余⋯ ③伍⋯ Ⅲ . ①饮料—
文化—世界②咖啡—文化—世界 Ⅳ . ① TS971.2

中国版本图书馆 CIP 数据核字（2021）第 184384 号

责任编辑：高路路
版式设计：上海程远文化传播有限公司

世界民族饮品文化　咖啡制作篇
SHIJIE MINZU YINPIN WENHUA　KAFEI ZHIZUO PIAN

主　编：罗媛媛　余冰　伍依安
出　版：东华大学出版社（上海市延安西路1882号，邮政编码：200051）
本社网址：dhupress.dhu.edu.cn
天猫旗舰店：http://dhdx.tmall.com
营销中心：021-62193056　62373056　62379558
印　刷：当纳利（上海）信息技术有限公司
开　本：889mm×1194mm　1/16
印　张：7.5
字　数：189千字
版　次：2021年9月第1版
印　次：2021年9月第1次印刷
书　号：ISBN 978-7-5669-1964-9
定　价：58.00元

总 序

　　2020年2月，我校服装设计与工艺专业群被广西区教育厅确定为"广西中等职业学校（服装设计与工艺）品牌专业群"。打造品牌专业群旨在鼓励职业学校依托优势特色专业，有效激发学校办学活力，为学校改革发展提供内生动力。

　　为进一步深化职业教育教学改革，全面提高人才培养质量，奋力开创高质量发展新局面，我校深化改革教学模式，创新教育内容，人才培养与产业需求精准对接，加强校企合作，促进产教融合，成立了由行业、企业、学校以及相关的能工巧匠共同参与的教材编写指导委员会，邀请了广州沐辰学院、厦门康莱德酒店、柳州市红裳服饰有限公司等企业共同制定课程标准，参与教材建设，共同开发教材。此次出版的广西中等职业学校（服装设计与工艺）品牌专业群建设项目成果系列教材分别是《构成基础》、《世界民族饮品文化——咖啡制作篇》和《服装营销实务》。该系列教材以纸质教材为核心、以互联网为载体、以信息技术为手段，充分融合纸质教材和数字化资源，并通过微课、教学视频、电子教案、课件、试题库等多元形式呈现。其在开发理念上，由技能向注重素养转变；在教材开发内容上，突出了新形态下的一体化；在开发技术上，实现了智能化、信息化。本套教材丰富了教师的教学资源，拓展了学生的学习途径。

　　在广西区教育厅和各界人士的关怀下，本套教材得以顺利出版。同时，本套教材凝聚了我校各位领导、教师和相关企业行业专家以及编写人员的心血和汗水，东华大学出版社对本套教材的出版给予了热情惠助，在此谨向他们表示诚挚的谢意。

　　本套系列教材是对"广西中等职业学校（服装设计与工艺）品牌专业群"在新形态教材建设方面的探索与尝试，不足之处敬请广大专家、读者斧正。

黄煜欣

2021年7月

前　言

　　目前国内咖啡市场发展迅速，并与国际接轨，咖啡店的业务操作越来越规范化和标准化，提供的服务越来越个性化，对高素质咖啡技能人才需求与日俱增。本教材注重理论与实践相结合，实用性、可操作性强，突出学生的职业技能培养，以提高学生分析问题、解决问题及实际操作的能力。本书在编写中，坚持科学性和创新性相结合的原则，在内容安排上做了大胆的改革，根据咖啡店实际的业务流程和典型工作任务，设计任务化单元教学。

　　本教材采用项目任务化教学的方式，以实际的工作流程划分项目和任务，同时遵循学生职业能力成长规律，从咖啡理论到咖啡技能，强调职业素质培养、职业技能训练。本教材以咖啡店人才需求为导向，突出职业性、实用性、针对性和可操作性，同时在重点操作技能辅以微课，拓展学生视野。

　　本教材在编写过程中，听取了有关专家、教师的意见，并得到有关咖啡店的支持和帮助，同时也参考并引用了相关的书籍、报纸和网络资料，借鉴了一些宝贵的观点和成果，在此一并表述衷心的感谢！

　　由于编者经验和水平有限，书中难免有不足之处，恳请各位专家和广大读者批评指正。

编　者

目 录

单元一　初识咖啡

知识点一　咖啡人文

知识点二　咖啡知识

单元二 使用咖啡器具制作咖啡

单元三　经典咖啡制作

单元四　咖啡厅服务

单元一

初识咖啡

本章节知识目标

本章节将带领大家走进咖啡的世界，初识咖啡，了解咖啡的起源与发展，认识咖啡树，熟悉咖啡豆的品种，学习咖啡豆的加工处理过程以及咖啡豆的烘焙、研磨，为接下来的学习奠定理论基础。

本章节内容设置

1. 了解咖啡的起源与发展
2. 熟悉咖啡豆的品种、咖啡豆的加工处理过程以及咖啡豆的烘焙
3. 掌握咖啡豆的研磨

知识点一 咖啡人文

一、咖啡的起源

当今社会上流传着许多不同种类的咖啡起源传说，经过相关人员的考证，迄今为止，大家一致赞同的起源说是：发现于非洲的埃塞俄比亚，种植及园艺推广则源于阿拉伯。下面给大家介绍几个不同的起源传说。

（一）牧羊人的起源传说

牧羊人的起源传说是现今最为人们所津津乐道的。1671 年，黎巴嫩语言学家法司特·奈洛尼在《不知睡眠的修道院》中写道：公元 6 世纪，一位叫卡迪的牧羊人，他在非洲的埃塞俄比亚高原咖法地区（Kaffa）牧羊，一个偶然的机会，他发现自己的羊群异常兴奋——蹦蹦跳跳、"手舞足蹈"，他赶忙跑到当地的修道院进行求助，院长和修道士仔细调查之后发现：原来羊群是吃了一种红色的果实，才导致举止滑稽怪异。他们试着采了一些这种红色的果实回去熬煮，香味顿时溢满整个屋子。做晚礼拜的修道士们把熬煮的汁液喝下之后，精神振奋、神清气爽。从此，这种果实被作为提神醒脑饮料的原料，成品颇受好评。

（二）欧玛酋长的起源传说

1587 年，一位名叫阿布达尔·卡迪的作者在他编写的《咖啡由来书》中，记载了一个关于咖啡起源——"欧玛酋长传说"的故事。1258 年，酋长雪克·欧玛因被诬陷而被族人驱逐出境，他一路流浪到阿拉伯的瓦萨姆时，饥饿疲倦难行，便靠着树干休息。他发现停在树枝上的小鸟在啄食枝头上果实之后，叫声一反常态，极为悦耳。于是饥肠辘辘的他就将那一带的果实采下，放入锅中加水熬煮，锅中的汁液竟开始散发出浓郁的芳香，饮用之后不但醇醇可口，还可解除身心疲惫。这之后他便采下许多这种神奇的果实，遇到病人就给他们熬汤饮用。因为四处行善，国王与族人便赦免了他的罪行，请他回到故乡，并尊称他为"圣者"。

二、咖啡的发展

（一）食用咖啡的历史

1. 公元6世纪：嚼食咖啡果叶

居住于东非埃塞俄比亚的游牧民族盖拉族十分好战，他们常咀嚼食用一种"大力丸"以在远行、征战时壮胆。这种"大力丸"是一种被揉成小球状且裹着动物脂肪的、捣碎的咖啡果叶。

2. 公元9世纪：咖啡入药

埃塞俄比亚人用咖啡熬煮的汁液（人称 Bunchum）治疗头疼、提神。但这种用法并不普及，仅限阿拉伯贵族使用。

3. 公元15世纪：咖啡果肉泡煮

在亚洲也门摩卡港和亚丁港中，人们流行喝一种名为"咖许"（Qishr）的热饮。"咖许"是把红色的咖啡果采摘下来之后放到在太阳底下晾晒，待干燥后把内部的咖啡豆剥离丢弃，将咖啡果肉部分用文火浅焙，再捣碎放入热水泡煮，趁热饮用。

4. 公元16世纪：利用咖啡豆

亚洲也门地区开始流行把浅度烘焙的咖啡豆与晒干的咖啡果肉磨碎，一起煮，但这种方式流传到土耳其后，便舍弃了咖啡果肉，全部用中深度烘焙的咖啡豆来泡，人称"咖瓦"（Qahwa）。

（二）咖啡的发展

1. 第一波　咖啡速食化

时间是1940年到1960年。第二次世界大战后，速溶咖啡的销量以惊人的速度增长，虽然速溶咖啡与现磨咖啡相比品质稍差，却首先占据了美国市场，随后向欧洲、拉丁美洲、亚洲和南非市场进军。这一时期，美国成了速溶咖啡的最大市场。

2.第二波　咖啡精品化

时间是 1966 年到 2000 年前后。在过去近 50 年，意式浓缩咖啡（Espresso）被誉为是咖啡最佳的品尝方式，推动了咖啡零售的前进。意式咖啡的发源地是意大利，称为"Spurofthemo-ment"，意思是为你新鲜现煮。方法是高温水在压力下穿透咖啡粉，产生化学反应，并迅速溶出咖啡成分，萃取出相对少量却浓郁的咖啡。此外，在星巴克的带动下将第二波咖啡文化普及至全世界。

3.第三波　咖啡美学化

时间是 2003 年至今。第三波咖啡文化在近几年迅速热起。指主要依靠优质生豆，优质筛选，优质烘焙以及优质冲煮来充分诠释咖啡的产地风味。

三、咖啡在中国的发展

作为舶来品，咖啡传入中国的历史并不长。史料记载，中国最早接触到咖啡的时间是在清朝中叶，由来华的外国人引入，至清末、民国，已有咖啡馆在各大城市出现。

《中国农业百科全书》中记录，在 19 世纪末，咖啡最先被引种到台湾，后相继被引入海南、云南、广西等地种植。至今，中国种植咖啡规模最大、最出名的也正是云南、海南和台湾三省。

1836 年前后，在通商口岸广州十三行附近，一名丹麦人开出了大陆第一家咖啡馆。当时被称为"黑酒"，国人对它的第一印象是价格高昂、味道古怪。之后的很长一段时间，咖啡一直服务于涉外码头城市里的外国人、特权阶层和达官显贵，老百姓少有机会接触。

1980 年代，速溶咖啡鼻祖麦氏咖啡和雀巢咖啡相继进入中国，当时雀巢投放了大量电视广告、平面招贴广告等，通过广告教消费者冲泡咖啡，在中国消费者中普及咖啡文化，至今雀巢仍然是国内速溶咖啡饮品龙头企业。

1997 年，以雕刻时光、上岛咖啡为代表的台式现磨咖啡馆出现在中国，现磨咖啡浪潮汹涌而至。

1999 年，星巴克进入中国，但是对比上岛咖啡，星巴克早期在中国的发展并不算顺利。但到 2019 年，星巴克在中国的门店已从 2011 年的 400 余家猛增至 4000 多家，成为当之无愧的中国咖啡霸主。

2017 年开始，中国咖啡市场开始迅速扩容，新模式、新业态层出不穷。零售速溶咖啡和即饮咖啡、专业咖啡馆的现磨咖啡、便利店咖啡、互联网咖啡、快餐咖啡、茶饮店咖啡等群雄并起，相互交融。

知识点二 咖啡知识

一、咖啡带与咖啡产国

（一）咖啡带

世界咖啡生产国大多数位于以赤道为中心的热带、亚热带地区，这一咖啡栽培区称为"咖啡带"或"咖啡区"。

1. 气候条件

大多数咖啡树适合生长在终年有阳光直射的热带地区，且要求种植地有丰沛的降雨和充足的热量，全年降雨量在 1000~2000 毫米，年平均气温在 20 摄氏度以上。

大多数阿拉比卡种咖啡不喜高温多湿，多种在雪线以下高海拔的陡峭斜坡上（海拔500~2000 米），高品质的阿拉比卡种咖啡则需种植在海拔 1400 米以上。因为阿拉比卡种咖啡不喜强光和酷热，所以多被种植在白天和晚上温差比较大且容易产生晨雾的地区。

罗布斯塔种咖啡适应能力强，多被种植在海拔 1000 米以下的低地。

2. 土质

火山灰土壤最适合栽种咖啡树，因为其富含咖啡树生长所需的有机物并且含有足够促进植物生长的水分。埃塞俄比亚高原上就布满了这种火山岩风化土。巴西高原地带、中美洲高地、南美洲安第斯山脉周边、非洲高原地带、西印度群岛、爪哇岛等咖啡的主要生产地带，也和埃塞俄比亚高原地带一样，拥有水分充足的肥沃土壤。另外，土质对咖啡的味道也有微妙的影响，例如，种植在土质偏酸的土壤上，咖啡的酸度也会较强烈。

3.地形与海拔高度

一般认为海拔高的地区（即高地）出产的咖啡品质较好，但只要有适宜的温度、降水和肥沃的土质，且种植地昼夜温差大、起晨雾，就能种植出较高品质的咖啡，如牙买加岛的"蓝山咖啡"、夏威夷的"夏威夷科纳"。因此，即使"高地产＝高品质"，也不意味着"低地产＝低品质"。高山的不同地带所产咖啡品质不同，一般以海拔 100~150 米划分一个等级地带。咖啡的分布与特点详见表 1-2-1。

表 1-2-1　咖啡的分布与特点

分布	特点
纬度	咖啡主要生长分布在以赤道为中心的热带、亚热带地区
主要地区	咖啡主要种植区在中南美洲、非洲、亚洲
赤道海拔高度	在赤道附近海拔 2500 米的地区适合种植咖啡
南北纬海拔高度	在南北纬回归线之间，海拔 300~400 米的地区适合种植咖啡
酸度	海拔的高度越高，咖啡的酸味越强，酸味适度的咖啡价格较高

（二）主要咖啡生产国

1.巴西

巴西的咖啡销售量约占全球的 1/3，是世界最大的咖啡生产国之一。巴西咖啡豆的主要特征：豆粒大、香味浓，入口顺滑，口感柔和，酸苦适中，有淡淡的青草芳香，最适合中度烘焙。

2. 哥伦比亚

哥伦比亚咖啡豆主要特征：豆形偏大，其口味酸中带甘，具独特的酸味与醇味，苦味较低，营养丰富，口味温和，风味独特，适合中度至深度烘焙。

3. 墨西哥

墨西哥咖啡豆主要特征：颗粒大，具有强烈的甜味、酸味和芳香，口感顺滑，醇度中等，略带坚果余味，口味特殊、高雅，适合中度到深度烘焙。

4. 夏威夷

夏威夷咖啡豆主要特征：香味特别，口感带有葡萄酒的强酸与香醇且有热带风味，适合中度到深度烘焙。"夏威夷科纳"因其果实外表异常饱满，光泽鲜亮，口感柔滑、浓香，具有诱人的坚果香味，酸度均衡而享誉世界。

5. 牙买加

蓝山咖啡是牙买加咖啡的完美代表，也是其国宝。它在各方面都堪称完美，是世界上最昂贵的咖啡之一。其口味特征为：有一致的酸、苦、甜味，香味亦佳，适合轻度到中度烘焙。

6. 印度尼西亚

印度尼西亚由超过一万七千个岛屿组成，散布在赤道的火山带上，横跨赤道，湿热的热带雨林气候雨量丰沛，且有肥沃的火山壤土。整个群岛最好的咖啡种植区在爪哇岛、苏门答腊岛。

爪哇岛：爪哇岛在咖啡史上占有极其重要的地位，爪哇岛的阿拉比卡种咖啡多生长在大农场或种植园，大部分由政府运作，都是采用现代方法进行水洗式处理。其咖啡特点：酸度相对较低，口感细腻，均衡度较好，香味佳。

苏门答腊岛：以曼特宁咖啡最为著名，生豆呈褐色或深绿色，经过烘焙后豆粒大，有焦糖香，其风味浓郁，香、苦、醇厚，带有少许的酸味，适合中度至深度烘焙。

二、咖啡的三大原生种

（一）阿拉比卡种（Arabica）

1. 产地

主要产地：除巴西部分区域和阿根廷之外的南美洲；中美洲各国；非洲的肯尼亚和埃塞俄比亚等地；亚洲的也门、印度；大洋洲的巴布亚新几内亚的部分区域。此外，中国的云南、海南、台湾地区也种植有少量的阿拉比卡种咖啡豆。

2. 豆形

阿拉比卡种咖啡豆豆形较小，正面是较为瘦长的椭圆形，中间线呈 S 形，背面的圆弧形较平整（图 1-2-1）。

烘焙前　　　　　　　　　烘焙后

图 1-2-1 阿拉比卡种咖啡豆

3. 种植条件

阿拉比卡种咖啡豆主要生长在热带雪线以下的高海拔地区（500~2000 米），较耐寒，需较大的湿度，适当的日照条件与遮荫，喜风但怕大风，在富含矿物质的火山灰质土壤中生长较好。阿拉比卡种咖啡树种对抗病虫害的能力较差，容易遭受虫害，每单位面积咖啡树的年产量较低。一般不同海拔所产咖啡豆品质不同，通常以海拔 100~150 米划分一个等级地带。目前阿拉比卡种咖啡约占全世界咖啡产量 70%，在这些阿拉比卡种咖啡产量中，只有 10% 阿拉比卡种咖啡的品质能归类在精品咖啡（Specialty Coffee）之中。

4. 香气及味道

产地、海拔高度、气候不同，生产的阿拉比卡咖啡通常也各具特色，风味大不相同。此外，不同的烘焙程度，咖啡豆所表现的风味也不尽相同，阿拉比卡咖啡豆未经烘焙时闻起来如草般的清香，经过中浅度烘焙后，展现出果香，经过深度烘焙后展现焦糖甜香。

一般而言，阿拉比卡种咖啡豆具有比后述的罗布斯塔种咖啡豆更佳的香气与风味。阿拉比卡种咖啡豆绝佳的风味与香气，使它成为这些原生种中唯一能够直接、单独饮用的咖啡。

（二）罗布斯塔种（Robusta）

1. 产地

主要产于印度尼西亚、越南、老挝及以科特迪瓦、阿尔及利亚、安哥拉为中心的非洲诸国，其中在印度尼西亚的种植最广泛。

2. 豆形

罗布斯塔种咖啡豆豆形较大，正面是较为圆胖的接近圆形的形状，中间线几乎呈直线，背面的圆弧较为突出（图1-2-2）。

烘焙前　　　　　　　　　　烘焙后

图 1-2-2 罗布斯塔种咖啡豆

3. 种植条件

罗布斯塔种咖啡豆多种植在海拔 200~800 米的低地，喜欢温暖的气候，对降雨量的要求并不高，抗病虫害能力强。每单位面积咖啡树的年产量较高，可以利用机器进行大量采收，生产成本远低于阿拉比卡种咖啡豆。目前，罗布斯塔种咖啡豆产量占世界咖啡豆产量的 20% 以上。

4. 香气及味道

有独特的香味（被称为"罗布味"，有些人认为是霉臭味），苦味强，酸味不足，咖啡因的含量约是阿拉比卡种咖啡豆的 2 倍。它的风味鲜明强烈，因此，罗布斯塔种咖啡豆被认为不适合制作单品咖啡饮品，一般情况下多被用于即溶咖啡、罐装咖啡、液体咖啡等工业咖啡生产，或是与阿拉比卡种咖啡豆混合制作意式咖啡。

（三）利比利卡种（Liberica）

1. 产地

利比利卡种咖啡豆原产于西非的利比里亚，目前约占世界经济性种植咖啡总产量的5%，产量比较少。

2. 豆形

利比利卡种咖啡豆的外形比起一般的咖啡豆大许多，且外皮很厚实，不易去除果皮浆肉，处理过程较麻烦，因此限制了其商业经济的用途（图1-2-3）。

图1-2-3 利比利卡种咖啡豆

3. 种植条件

利比利卡种咖啡树一般生长在海拔200米左右的坡地。利比利卡咖啡种是一种抗病力及环境适应力强的树种，因此利比利卡种咖啡树比起其它树种，可在亚热带地区种植，从外观看，它的叶子比起其他咖啡树种大许多，繁殖可用接枝方式。

4. 香气及味道

风味比较单调，口感上苦度较高，香气及醇度低，浓度高是其优点。

三、咖啡树、花、叶、果

（一）咖啡树

咖啡树是一种茜草科多年生常绿灌木或小乔木，属于园艺性多年生的经济作物。它的特点是：生长快、产量高、价值高、销售范围广。野生的咖啡树可以长到5~10米高，当人工培育时，为方便采收和增加产量，一般会把它们剪到高2米以下。咖啡树在幼苗的时候需要特别对其进行培育与呵护，在播种四十天左右发芽后，需要转移到温室大棚中，待树苗长到40~50厘米高时，挑选苗壮的苗移植到农场，以从源头保证咖啡品质。经过3~5年，咖啡树苗成长成树，在之后的每隔8~9年，砍去主树干，使其重新发新枝芽，一颗咖啡树可以如此反复2~3次，所以它的收获期可达30年（图1-2-4）。

（二）花

一般情况下，树龄在4到5年的咖啡树都会开花，开花时间约在2~3月。咖啡树的

图 1-2-4 咖啡树　　　　　　　　　　图 1-2-5 咖啡花

图 1-2-6 咖啡叶　　　　　　　　　　图 1-2-7 咖啡果实

花瓣，呈白色管状，一般是 5 片花瓣，也有 6~8 片花瓣，带有茉莉的芳香，开花时位置紧紧挨着咖啡树树枝并呈现出簇状。花期非常地短暂，约 3~5 天，且有齐放的特性，因此能够欣赏咖啡园内咖啡花海的盛况是十分难得的。北半球的开花时间在 2~4 月，大约分成 4 次开花，3 天后全部凋谢（图 1-2-5）。

（三）叶

咖啡树的叶子呈长椭圆形，叶端较尖，且两叶对生（图 1-2-6）。

（四）果实

未成熟咖啡果实为绿色，经过 6~7 个月的成熟期后，逐渐变黄或变红，成熟的果实外皮是红色，因为它的形状、颜色跟樱桃十分相像，所以又被称作"咖啡樱桃"（图 1-2-7）。不同品种、地理区域的咖啡豆，成熟期也不尽相同。多数阿拉比卡种咖啡豆成熟期为 6~8 个月，多数罗布斯塔种咖啡豆成熟期为 9~11 个月。

咖啡樱桃中一般有 2 粒豆子，俗称"平豆"，少数只有 1 颗豆子，俗称"圆豆"。咖啡樱桃结构为：红皮（外果皮）下有一层果肉（中果皮），里面有一个小薄层，再往里是一层像羊皮纸一样的物质，即内果皮，在所有这些果皮的里面同时有两粒平面相对的豆子，豆子外面有一层薄膜或外皮。

四、咖啡初加工

（一）咖啡豆的采收

1.机器采收

指的是利用机器自动化采收咖啡果实，适用于地势平坦的集中咖啡产区。通过机器震动咖啡树，使得成熟的浆果掉落。使用机器采收效率高，成本也相对较低，但通常会采收到未成熟的果实或树枝树叶等杂物，咖啡豆的品质难保证（图1-2-8）。

图1-2-8 机器采收咖啡豆

2.人工手采

因为山区海拔不一，纬度不同，咖啡的成熟季节也不太一样，所以咖啡果实成熟的时间不尽相同。使用人工手采咖啡豆时，对于树枝上的红绿不同色的果实，采收人员只把一粒粒艳红成熟的果实摘下来放进篮子。采用这种方式采摘时，通常会进行多次，每次都会挑选成熟度一样的咖啡果。精选咖啡就是使用人工采收法，分3~6次摘取红色且饱满的果实（图1-2-9）。

图1-2-9 人工手采咖啡豆

3.速剥采收

采收人员在腰上挂一个篮子，将树枝拉直，用手指沿树枝由下往上搓，使一根枝头上的所有咖啡豆都掉落到篮子里。采用此种采摘方法，成熟与未成熟的果实也会一并采收，对品质也有负面影响，一般采摘之后会再进行人工筛选（图1-2-10）。

图1-2-10 速剥采收咖啡豆

（二）咖啡豆的处理

1. 水洗处理法

水洗处理法目前是最广泛应用的一种咖啡生豆的处理方式。经过水洗处理法的咖啡豆柠檬酸和苹果酸的含量较高，所以水洗咖啡豆的酸质更明显带有水果的酸质。

此种方法处理咖啡生豆所需设备成本较高、工序复杂费时，成本与下文中的日晒处理法相比相对要高。水洗处理法的每道工序可以筛选出瑕疵豆，咖啡豆的外观较为统一，颜值也较高些，但是水洗处理的咖啡豆也不一定品质高。

水洗处理法流程：

豆子投入水槽浸泡——进入机器搓洗——果胶层去胶处理——捞出——晾晒——脱壳机去皮、装袋

①豆子投入水槽浸泡：未成熟的果实会浮起在水面上，成熟的果实会下沉，可筛选掉未成熟的豆子。

②进入机器搓洗：可以去掉咖啡果皮果肉，利用压力彻底过滤未成熟的咖啡豆。

③果胶层去胶处理：在发酵槽中进行发酵处理，去除果胶，时间为16~32小时。发酵产生的醋酸可以保证干燥的时候不会过度发酵或者产生更多的霉菌，增加咖啡的风味。

④捞出：清洗去除表面残留物。

⑤晾晒：露天暴晒。

⑥脱壳机去皮、装袋。

2. 日晒处理法

日晒处理法又名干燥法，是一种古老的生豆处理法，是埃塞俄比亚地区传统的处理方式，非洲多数罗布斯塔种咖啡豆也使用此方法处理咖啡生豆。经过日晒处理法处理的咖啡豆酸度较弱，且有特殊的甘味和醇厚度，成本较低是日晒处理法的一大特点，日晒对天气的要求较高，雨天易引起发霉，品质较不稳定，会有较大起伏。

日晒处理法流程：

挑出未熟豆——太阳暴晒、入桶静置——脱壳机去皮、装袋

①挑出未熟豆：咖啡豆经过采摘之后，挑选出未成熟的豆子。

②太阳暴晒、入桶静置：将成熟的豆子放入太阳底下的晾干架上晾晒，由于以前是直接放在地面上晾晒，晒出来的咖啡豆会混有泥土、朽木等异味，很多人不会喜欢，但改在晾干架上晾晒后，咖啡豆后会出现果糖味，这是比较受人欢迎的。入桶静置通常是1~2个月，可以使咖啡风味更加稳定。

③脱壳机去皮、装袋。

3.蜜处理法

蜜处理法既不是完全的水洗也不是完全的日晒，而是两者的折中。蜜处理时，咖啡豆去皮后不立即清除果胶，而是保留果胶直接进行日晒，它保留了咖啡熟果实的甜美风味，使得咖啡的层次更加复杂、浓郁。

（1）蜜处理法流程：

豆子投入水槽浸泡——进入机器搓洗、太阳暴晒、入桶静置——脱壳机去皮、装袋

（2）蜜处理法的细分详见表1-2-2。

表1-2-2　蜜处理法细分

等级	颜色	风味
黑蜜处理 （果胶完全保留）	深褐色	风味上靠近日晒处理法
红蜜处理 （果胶保留50%）	红棕色	——
黄蜜处理 （果胶保留25%）	黄褐色	风味上靠近水洗处理法

五、咖啡烘焙

咖啡烘焙是个十分有趣的事情，能让味道像生蚕豆的咖啡生豆通过加热蜕变成拥有万千风味的咖啡熟豆。豆子经过烘焙之后，水分蒸发，体积膨胀，使得豆子内部产生化学变化，油脂穿透豆壁时所释放出的香味，就是人们闻到的咖啡香味。

（一）咖啡豆的烘焙过程

脱水——黄变——褐变——一爆——二爆——冷却

1. 脱水

指从咖啡生豆放入烘焙机开始到咖啡豆脱水完全转变成黄色的这段时间。在咖啡烘焙的过程中，生豆被加热，水蒸气蒸发。咖啡生豆大部分的水分在此阶段被除去，但需要注意的是咖啡豆烘焙的整个过程都有水分在被除去。

2. 黄变

生豆由绿色变成浅黄色。温度在 160 摄氏度左右时会散发出青草香，或烘焙谷物香。

3. 褐变

持续加热咖啡豆由浅黄色变成浅褐色。

4. 一爆

咖啡豆内部的蒸汽冲破外层，产生"裂缝"的阶段。当温度达到 190 摄氏度时，咖啡豆由于内部受热膨胀，造成细胞壁破裂，时间约持续 1 分钟。

5. 二爆

豆子又再次发出更为剧烈的爆裂声，并释放出大量的热，二爆结束，豆子体积膨胀到原来的 1.5 倍，表面出油，总重量减少 12%~20%。

6. 冷却

出豆之后，豆子温度不会马上冷却，这时一直维持高温很大程度会改变烘焙程度从而丧失豆子应有地风味，所以烘焙结束后要迅速冷却，这是保持咖啡风味重要的一个环节。

（二）咖啡豆的烘焙程度（表1-2-3）

表1-2-3　咖啡豆的烘焙程度

名称	特点	风味	阶段	别称
轻度烘焙咖啡	浅棕色，表面无油脂，豆子硬度高，酸度明亮，口感醇厚，口味鲜亮	有果味和花香	内部温度通常达到170~200摄氏度，几乎没有达到前述的"一爆"	肉桂烘焙、极浅焙
中度烘焙咖啡	棕色，表面出现少量油脂，有少量酸度和红酒味，口感圆润	保留了咖啡的许多独特风味，各项指标较为均衡，比轻度烘焙浓郁，也更甜，但一些酸鲜气味可能会消失	中度烘焙的温度可达到200~215摄氏度，烘焙温度略高，刚刚听到"一爆"的声音时即可	普通烘焙、美式烘焙、城市烘焙
深度烘焙咖啡	深棕色，表面油脂丰富，酸度低，红酒味厚重，呈现出更苦更醇厚的味道	有巧克力、坚果和焦糖的特色风味	达到220~225摄氏度，如果不是微量烘焙的话，通常会达到"二爆"	深城市烘焙、维也纳烘焙
其他咖啡烘焙级别	法式烘焙、意式烘焙、欧陆烘焙、新奥尔良烘焙的烘焙程度都比深度烘焙还要深，产出的咖啡豆通常是黑色的，表面油亮	烧焦的咖啡		

六、咖啡豆研磨

(一) 咖啡豆的研磨度

咖啡豆研磨程度不同,味道也不尽相同。研磨的越细,苦味越浓,研磨的越粗,酸味越重。

咖啡豆的研磨度区分如表 1-2-4:

表 1-2-4　咖啡豆的研磨

研磨度	图片	粉质	适合器具
较细	图 1-2-11	糖粉	意式半自动咖啡机
细	图 1-2-12	介于糖粉与颗粒砂糖之间	摩卡壶、冰滴壶
中度	图 1-2-13	颗粒砂糖	手冲咖啡
中粗	图 1-2-14	介于颗粒砂糖与粗砂糖之间	虹吸壶、咖啡机
较粗	图 1-2-15	粗砂糖	法压壶

图 1-2-11 较细

图 1-2-12 细

图 1-2-13 中度

图 1-2-14 中粗

图 1-2-15 较粗

（二）咖啡豆的研磨器具及应用

1. 电动磨豆机（图1-2-16）

（1）分类

电动磨豆机一般可分为平刀、锥刀以及鬼齿三大类。

①平刀

平刀是以削的方式将咖啡豆研磨成颗粒，磨出的咖啡粉以片状为主，形状比较接近扁长的长方形，得到的风味比较奔放、单一。

②锥刀

锥刀是以碾的方式将咖啡豆研磨成颗粒，磨出的咖啡粉以块状为主，形状接近六角形，得到的风味比较圆润、复杂。

③鬼齿

鬼齿是以磨的方式将咖啡豆研磨成颗粒，磨出的咖啡粉比较光滑细长，也更均匀，外形较接近圆形，得到的风味比较干净，风味比较立体、饱满。鬼齿磨粉效率更高，机器价格也较高。

（2）操作流程：

将咖啡豆放入磨豆机中——调节研磨刻度——开启开关，同时按住盖子——取粉

图1-2-16 电动磨豆机

2.手动磨豆机（图1-2-17）

图1-2-17 手动磨豆机

需要手动来研磨咖啡粉，效率相比电动磨豆机会低很多，手摇磨豆机在研磨咖啡粉，尤其是研磨轻、中度烘焙的咖啡豆时，很难做到力度均匀一致，所以在均匀度上会差一些。但手摇磨豆机的慢速研磨，不会产生太多的热量，所以咖啡粉在香气保留的程度上会更高一些。

操作流程：

将咖啡豆放入磨豆机中——调节研磨刻度——摇动手柄开始研磨——取粉

任务单　咖啡豆的研磨

任务内容	名称／用途／制作方法		
研磨度的区分	请写出不同研磨度的粉质特征： 较细研磨：_____ 细研磨：_____ 中度研磨：_____ 中粗研磨：_____ 较粗研磨：_____		

评价项目	评价内容	自我评价	他人评价	教师评价
咖啡豆的研磨	练习1：要求磨出中度研磨	好□ 中□ 差□	好□ 中□ 差□	好□ 中□ 差□
	练习2：要求磨出细研磨	好□ 中□ 差□	好□ 中□ 差□	好□ 中□ 差□

单元二

使用咖啡器具制作咖啡

本章节知识目标

本章节用九种不同的咖啡设备制作原味咖啡，带你走进咖啡的世界，品味一下原味咖啡的醇香，开始美丽的咖啡之旅。

本章节内容设置

1. 了解九种咖啡设备的工作原理

2. 熟练运用九种咖啡设备制作咖啡

任务一 法压壶冲泡咖啡

　　法压壶简单易用，很多人喜欢将它称作"冲茶器"，法压壶虽然造型简单，但制作出来的咖啡并不简单。由于它滤网较粗，咖啡液中悬浮的不溶解固体微粒最多，导致咖啡的咖体较为突出，品味最有质感，星巴克老板舒尔茨就是法压壶的拥护者。由于在制作过程中，咖啡粉浸泡在热水中做持续的全面接触，导致萃取的咖啡也相对增多，因此，喝法压壶制作的咖啡比较提神。

　　法压壶冲泡咖啡的原理，就是用全面浸泡的方式，使水与咖啡粉完全接触，采用焖蒸浸泡法来释放咖啡的精华。

视频二维码

视频 2-1 法压壶冲泡咖啡视频

活动一　法压壶冲泡咖啡的准备

（一）准备工作

器具准备： 法压壶、磨豆机、搅拌棒（图 2-1-1~ 图 2-1-3）

材料准备： 咖啡豆（较粗研磨度）、热水

图 2-1-1 法压壶

图 2-1-2 磨豆机

图 2-1-3 搅拌棒

（二）法压壶的结构、法压壶冲泡咖啡（图 2-1-4、表 2-1-1）

图 2-1-4 法压壶结构

表 2-1-1　法压壶冲泡咖啡

烘焙度	中度烘焙
研磨程度	较粗研磨度
建议粉量	18 克
建议水量	250 毫升
萃取水温	摄氏 91~94 度

活动二　法压壶冲泡咖啡的步骤

法压壶冲泡咖啡的步骤见表2-1-2。

表2-1-2　法压壶冲泡咖啡步骤

法压壶冲泡步骤	步骤图
向杯中倒入18克咖啡粉（咖啡粉要求新鲜且研磨度粗），轻拍杯壁使咖啡粉分布平整	图2-1-5
以同心圆的方式注入热水，盖过咖啡粉即可，焖蒸30秒，焖蒸结束后继续注水至250毫升	图2-1-6
用搅拌棒轻轻搅拌均匀，使热水与咖啡粉充分混合	图2-1-7
将滤网稍放低，盖上盖子，焖蒸3-5分钟	图2-1-8
将滤网往下压萃取咖啡，使咖啡粉和咖啡分离，倒出咖啡即可	图2-1-9

【注意事项】

（1）选择法压壶时，尽量选择铁网与容器边缘最为贴合的，这样咖啡渣在倾倒时不容易倒出来。

（2）最好不要用法压壶来打奶泡或者泡茶。

图2-1-5 倒入咖啡粉

图2-1-6 注入热水

图2-1-7 搅拌

图2-1-8 焖蒸

图2-1-9 出品咖啡

活动三　任务评价

评价项目	评价内容	本组评价	他组评价	教师评价
操作前的准备工作	器具和材料准备	□好 □中 □差	□好 □中 □差	□好 □中 □差
操作过程	法压壶的操作过程	□好 □中 □差	□好 □中 □差	□好 □中 □差
咖啡品鉴	（1）咖啡醇度 （2）咖啡液品鉴	（1）咖啡醇度 （用强、中、弱表示） （2）咖啡品鉴 苦（　）辛（　） 酸（　）咸（　）	（1）咖啡醇度 （用强、中、弱表示） （2）咖啡品鉴 苦（　）辛（　） 酸（　）咸（　）	（1）咖啡醇度 （用强、中、弱表示） （2）咖啡品鉴 苦（　）辛（　） 酸（　）咸（　）
操作结束工作	1、清理吧台台面要求 2、器具清洁要求	1、吧台台面清理 □好 □中 □差 2、器具的清洁度 □好 □中 □差	1、吧台台面清理 □好 □中 □差 2、器具的清洁度 □好 □中 □差	1、吧台台面清理 □好 □中 □差 2、器具的清洁度 □好 □中 □差
综合能力评价	□好　　　□中　　　□差			

活动四　填充任务单

任务内容	名称 / 用途 / 制作方法
法压壶的冲泡准备	请准备： （1）器具准备：＿＿＿＿＿＿ （2）材料准备：＿＿＿克咖啡粉，＿＿＿度热水 （3）研磨度：较粗粒且新鲜（原因＿＿＿＿＿＿＿＿）
用法压壶冲泡咖啡的过程	按照操作步骤进行操作： （1）向杯中倒入＿＿＿克咖啡粉（咖啡粉要求新鲜且研磨度粗），轻拍杯壁使咖啡粉分布平整； （2）以＿＿＿的方式注入热水，水没过咖啡粉即可，焖蒸＿＿＿秒，焖蒸结束后继续注水至＿＿＿毫升； （3）用＿＿＿轻轻搅拌均匀，使热水与咖啡粉充分混合； （4）将滤网稍放低，盖上盖子，焖蒸＿＿＿分钟； （5）将滤网往下压萃取咖啡，使咖啡粉和咖啡分离，倒出咖啡即可。

任务二 滴滤杯冲泡咖啡

　　这种冲泡方式最早是由德国的梅丽塔内女士于 20 世纪初的时候发明的。她当时在家中做咖啡时，突发奇想地用儿子的吸墨纸当做滤纸，在滤纸里放入咖啡粉，并用水壶将水注入咖啡粉，萃取出了一杯味道不同以往的咖啡。手工滴滤咖啡，热水只是对咖啡粉进行适度萃取，并无过多浸泡过程，因此制作出来的咖啡液澄澈明亮。

视频二维码

视频 2-2 滴滤杯冲泡咖啡

活动一　滴滤杯冲泡咖啡的准备

（一）准备工作

器具准备：滴滤杯、滤纸、磨豆机、手冲壶、咖啡壶、计时器、温度计（图 2-2-1~图 2-2-7）

材料准备：咖啡豆、热水

图 2-2-1 滴滤杯

图 2-2-2 滤纸

图 2-2-3 磨豆机

图 2-2-4 手冲壶

图 2-2-5 咖啡壶

图 2-2-6 计时器

图 2-2-7 温度计

（二）滤纸的叠法（表2-2-1）

表2-2-1　滤纸的叠法

把滤纸侧面结合处反向对折	图2-2-8
打开滤纸，四边对齐摊平	图2-2-9
将滤纸打开，放入滤杯	图2-2-10

图2-2-8 对折　　　　图2-2-9 四边对齐，摊平　　　　图2-2-10 放入滤杯

（三）滴滤杯冲泡咖啡（表2-2-2）

表2-2-2　滴滤杯冲泡咖啡

烘焙度	轻度烘焙
研磨程度	中度研磨（颗粒似砂糖）
建议粉量	20克
建议水量	350毫升（取300毫升）
萃取水温	91~94摄氏度

活动二　滴滤杯冲泡咖啡的步骤

滴滤杯冲泡咖啡的步骤见表 2-2-3。

表 2-2-3　滴滤杯冲泡咖啡步骤

滴滤杯冲泡咖啡步骤	步骤图
将滤纸折好，装入滴滤杯中	图 2-2-11
用 93 摄氏度的热水浸湿滤纸，使滤纸紧贴滤杯壁，按压折叠处，移开滤杯，将热水倒掉	图 2-2-12
取 20 克咖啡粉撒在滤纸上，轻拍滤杯边缘，使咖啡粉表面平整	图 2-2-13
注入和咖啡粉相同或 1 倍重量的水量作浸润焖蒸，水不可注到滤纸的位置，焖蒸 20~30 秒，让咖啡粉吸收热水	图 2-2-14
以中心绕圈的方式第一次均匀的注水，直到 200 毫升停止注水	图 2-2-15
水位下降 5 毫升后第二次注水，以接近水面的位置单点注水，水位不能高于粉渣的位置，注入到 350 毫升后停止注水	图 2-2-16
观察滤杯中的咖啡液滴至 300 毫升时移走滤杯	图 2-2-17
摇晃咖啡壶，出品咖啡	图 2-2-18

【注意事项】

（1）适合中度或浅度烘焙。

（2）冲泡时要注意粉水比、水温、研磨度、水流速度、时间等变量。

（3）冲泡时采用的姿势是站姿。

图 2-2-11 装入滤纸　　图 2-2-12 浸湿滤纸　　图 2-2-13 撒咖啡粉　　图 2-2-14 注入少量热水

图 2-2-15 注入 200毫升水　　图 2-2-16 二次注水　　图 2-2-17 滴咖啡液　　图 2-2-18 出品咖啡

活动三　任务评价

评价项目	评价内容	本组评价	他组评价	教师评价
操作前的准备工作	器具和材料准备	□好 □中 □差	□好 □中 □差	□好 □中 □差
操作过程	滴滤杯的操作过程	□好 □中 □差	□好 □中 □差	□好 □中 □差
咖啡品鉴	（1）咖啡醇度 （2）咖啡液品鉴	（1）咖啡醇度 （用强、中、弱表示） （2）咖啡品鉴 苦（　）辛（　） 酸（　）咸（　）	（1）咖啡醇度 （用强、中、弱表示） （2）咖啡品鉴 苦（　）辛（　） 酸（　）咸（　）	（1）咖啡醇度 （用强、中、弱表示） （2）咖啡品鉴 苦（　）辛（　） 酸（　）咸（　）
操作结束工作	1、清理吧台台面要求 2、器具清洁要求	1、吧台台面清理 □好 □中 □差 2、器具的清洁度 □好 □中 □差	1、吧台台面清理 □好 □中 □差 2、器具的清洁度 □好 □中 □差	1、吧台台面清理 □好 □中 □差 2、器具的清洁度 □好 □中 □差
综合能力评价	□好　　　□中　　　□差			

活动四　填充任务单

任务内容	名称 / 用途 / 制作方法
滴滤杯的冲泡准备	请准备： （1）器具准备：＿＿＿＿＿＿＿＿＿ （2）材料准备：咖啡粉 （3）研磨度：中度研磨度
用滴滤杯冲泡咖啡的过程	按照操作步骤进行操作： （1）将滤纸折好，装入滴滤杯中； （2）用＿＿摄氏度的热水浸湿滤纸，使滤纸紧贴滤杯壁，按压折叠处，移开滤杯，将热水倒掉； （3）取 20 克咖啡粉撒在滤纸上，轻拍滤杯边缘，使咖啡粉＿＿； （4）注入和咖啡粉相同或 1 倍重量的水量作浸润焖蒸，水不可注到滤纸的位置，焖蒸＿＿秒，让咖啡粉吸收热水； （5）以中心绕圈的方式第一次均匀的注水，直到＿＿毫升停止注水； （6）水位下降 5 毫升后第二次注水，以接近水面的位置单点注水，水位不能高于粉渣的位置，注入到 350 毫升后停止注水； （7）观察滤杯中的咖啡液滴至 300 毫升时移走滤杯； （8）摇晃咖啡壶，出品咖啡。

任务三 摩卡壶冲煮咖啡

要想手工做出纯正的意式浓缩咖啡（Espersso），仅次于半自动咖啡机的就是用摩卡壶冲煮咖啡，以高温蒸汽萃取咖啡中的精华。烧煮时咖啡浓香四溢，品鉴时口味浓厚。意大利摩卡壶是于1933年问世的，它的结构从无改变，但外观造型和使用材质却不断地在变化。最早的摩卡壶是铝制的，但铝容易与咖啡中的酸发生反应，产生不好的味道，后来逐渐改用不锈钢甚至耐热玻璃来制作。

视频二维码

视频2-3 摩卡壶冲煮咖啡视频

活动一 摩卡壶冲煮咖啡的准备

（一）准备工作

器具准备：摩卡壶、摩卡电磁炉/明火、电动磨豆机（图2-3-1~图2-3-3）

材料准备：咖啡豆、热水

图2-3-1 摩卡壶

图2-3-2 明火

图2-3-3 电动磨豆机

（二）摩卡壶的结构、摩卡壶冲煮咖啡（表2-3-1、表2-3-2）

表2-3-1　摩卡壶结构

摩卡壶结构图	说明
图2-3-4	摩卡壶分为上下两部分，以旋转的方式扭紧
图2-3-5	壶的下部盛装水，下部容器壁上有一个安全气孔，下容器上方是一个布满小孔的盛装咖啡粉的滤器（滤网）。
图2-3-6	壶的上部则是一个有把手的盛装烹煮好的咖啡的有盖容器，容器下方是被橡皮垫环绕一圈的过滤网孔，中心位置是一根中空的金属管以使咖啡喷渗出来。

图2-3-4 壶的上下部分

图2-3-5 壶的下部结构

表2-3-2　摩卡壶冲煮咖啡

烘焙度	中深烘焙
研磨程度	细研磨度
建议粉量	按粉仓实际容量为准
建议水量	气孔下方0.5厘米处

图2-3-6 壶的上部结构

活动二 摩卡壶冲煮咖啡的步骤

摩卡壶冲煮咖啡的步骤见表2-3-3。

表2-3-3 摩卡壶冲煮咖啡步骤

摩卡壶冲煮咖啡步骤	步骤图
准备20克咖啡豆磨粉（不必用完），并检查摩卡壶是否干净	图2-3-7
将热水倒入咖啡壶的下壶，水不能超过气孔的高度，否则加热后热水会带着水蒸气从侧方喷出，造成不必要的危险	图2-3-8
将咖啡粉倒入滤器（滤网）中，再轻轻抹平，并放入下壶中	图2-3-9
将上壶置于下壶上方，小心锁紧，放在电磁炉或明火上，开始加热	图2-3-10
打开上座的盖，当看到咖啡液完全通过导流管流至上壶，导流管只冒出气泡而无液体流出时，熄火	图2-3-11
将煮好的咖啡倒入杯中即可	图2-3-12

【注意事项】

（1）下壶注水一定不能超过气孔。

（2）上下壶务必拧紧。

（3）尽量用电陶炉或明火，火力要大，以保证能产生足够的蒸汽冲过咖啡。

图2-3-7 准备咖啡豆

图2-3-8 往下壶倒入热水

图2-3-9 倒入咖啡粉

图2-3-10 加热

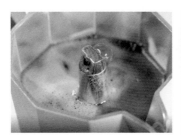
图2-3-11 导流咖啡液

图2-3-12 冲好的咖啡

活动三　任务评价

评价项目	评价内容	本组评价	他组评价	教师评价
操作前的准备工作	器具和材料准备	□好 □中 □差	□好 □中 □差	□好 □中 □差
操作过程	摩卡壶的操作过程	□好 □中 □差	□好 □中 □差	□好 □中 □差
咖啡品鉴	（1）咖啡醇度 （2）咖啡液品鉴	（1）咖啡醇度 （用强、中、弱表示） （2）咖啡品鉴 苦（　）辛（　） 酸（　）咸（　）	（1）咖啡醇度 （用强、中、弱表示） （2）咖啡品鉴 苦（　）辛（　） 酸（　）咸（　）	（1）咖啡醇度 （用强、中、弱表示） （2）咖啡品鉴 苦（　）辛（　） 酸（　）咸（　）
操作结束工作	1、清理吧台台面要求 2、器具清洁要求	1、吧台台面清理 □好 □中 □差 2、器具的清洁度 □好 □中 □差	1、吧台台面清理 □好 □中 □差 2、器具的清洁度 □好 □中 □差	1、吧台台面清理 □好 □中 □差 2、器具的清洁度 □好 □中 □差
综合能力评价	□好　　　□中　　　□差			

活动四　填充任务单

任务内容	名称／用途／制作方法
摩卡壶的冲煮准备	请准备： （1）器具准备：＿＿＿＿＿＿＿＿ （2）材料准备：咖啡粉 （3）研磨度：＿＿＿＿（粗／细）研磨度
用摩卡壶冲煮咖啡的过程	按照操作步骤进行操作： （1）准备过滤好的水，将水倒入咖啡壶的下壶（水不能＿＿＿气孔的水平面高度）； （2）将咖啡粉倒入滤器（滤网），再轻轻抹平，并放入下壶中； （3）将上壶置于下壶上方，小心锁紧，放在电磁炉上，开始加热； （4）打开上座的盖，当看到咖啡液完全通过＿＿＿＿＿＿＿＿＿流至上壶，导流管只冒出气泡而无液体流出时，熄火； （5）将煮好的咖啡倒入杯中即可。

任务四 虹吸壶冲煮咖啡

1840 年，苏格兰工程师纳皮耶发明了虹吸壶，后由法国的瓦瑟夫人加以改良；19 世纪 50 年代，英国与德国开始生产制造虹吸壶。

视频二维码

视频 2-4 虹吸壶冲煮咖啡

活动一　虹吸壶冲煮咖啡的准备

（一）准备工作

器具准备： 虹吸壶、磨豆机、搅拌棒、手冲壶（图 2-4-1~图 2-4-4）

　　材料准备： 咖啡豆、水

图 2-4-1 虹吸壶

图 2-4-2 磨豆机

图 2-4-3 搅拌棒

图 2-4-4 手冲壶

（二）虹吸壶的结构、虹吸壶冲煮咖啡（表 2-4-1、表 2-4-2）

表 2-4-1　虹吸壶的结构

虹吸壶结构图	说明
漏斗：和过滤器相连接，咖啡粉放置处	图 2-4-5
滤器：包括过滤网和过滤布，用钩子钩住漏斗	图 2-4-6
支架：固定漏斗和漏杯，起支撑作用	图 2-4-7
酒精灯：装在烧杯的正下方，可用虹吸壶电磁炉代替	图 2-4-8
烧杯：使热水升入漏斗中，萃取后接收滴落的咖啡液的地方，在使用前将烧杯外面的水擦干，以免破裂。	图 2-4-9

图 2-4-5 漏斗

图 2-4-6 滤器

图 2-4-7 支架

图 2-4-8 酒精灯

图 2-4-9 烧杯

表 2-4-2　虹吸壶冲煮咖啡

烘焙度	中度烘焙
研磨程度	中度研磨
建议粉量	25 克
建议水量	275 毫升
萃取水温	70 ~ 80 摄氏度

活动二　虹吸壶冲煮咖啡的步骤

虹吸壶冲煮咖啡的步骤见表 2-4-3。

表 2-4-3　虹吸壶冲煮咖啡步骤

虹吸壶冲煮咖啡步骤	步骤图
称取 25 克咖啡豆并磨粉	图 2-4-10
用布擦拭下壶，保持干燥	图 2-4-11
将滤网放进上壶中并扣紧铁链	图 2-4-12
在下壶中加入 275 毫升热水，水温 70 ~ 80 摄氏度	图 2-4-13
燃烧酒精灯放在下壶中下方，并把上壶斜插在下壶中	图 2-4-14
当铁链周围冒气泡时，将上壶扶正，并观察上壶	图 2-4-15
水慢慢从下壶上升到上壶，当水完全上升至上壶时，把火关小并移至下壶的侧方（不正对下壶）	图 2-4-16
先用搅拌棒轻轻搅拌上壶水，再倒入咖啡粉	图 2-4-17
用搅拌棒下压咖啡粉至水下，再搅拌两圈	图 2-4-18
50 秒后移开酒精灯，再用搅拌棒轻轻搅拌 5 次	图 2-4-19
用半湿毛巾捂住下壶降温，待咖啡液从上壶全部流入下壶即可取出上壶	图 2-4-20
摇晃下壶使咖啡液均匀，即可出品	图 2-4-21

图 2-4-10 磨咖啡粉

图 2-4-11 擦拭下壶

图 2-4-12 放入滤网

图 2-4-13 加入热水

图 2-4-14 斜插上壶

图 2-4-15 扶正上壶

图 2-4-16 侧移火源

图 2-4-17 搅拌上壶水

图 2-4-18 下压咖啡粉

图 2-4-19 移开酒精灯

图 2-4-20 降温下壶

图 2-4-21 摇晃均匀

【小知识】

虹吸壶咖啡液搅拌方法：

正十字法：由外向内下压，左右前后呈正十字形拨动。

搅拌法：沿顺时针方向转动水面，手抓竹匙转圆圈。

旋转法：手抓住下座的台架把手，顺时针方向绕小圆圈转动。

【注意事项】

（1）下壶一定要擦干，绝对不能有水，否则会引起爆裂；

（2）因都是玻璃器皿，动作必须轻柔；

（3）滤布要彻底清洗，否则很快就会被细小的咖啡渣堵住。

活动三　任务评价

评价项目	评价内容	本组评价	他组评价	教师评价
操作前的准备工作	器具和材料准备	□好 □中 □差	□好 □中 □差	□好 □中 □差
操作过程	虹吸壶的操作过程	□好 □中 □差	□好 □中 □差	□好 □中 □差
咖啡品鉴	（1）咖啡醇度 （2）咖啡液品鉴	（1）咖啡醇度 （用强、中、弱表示） （2）咖啡品鉴 苦（ ）辛（ ） 酸（ ）咸（ ）	（1）咖啡醇度 （用强、中、弱表示） （2）咖啡品鉴 苦（ ）辛（ ） 酸（ ）咸（ ）	（1）咖啡醇度 （用强、中、弱表示） （2）咖啡品鉴 苦（ ）辛（ ） 酸（ ）咸（ ）
操作结束工作	1、清理吧台台面要求 2、器具清洁要求	1、吧台台面清理 □好 □中 □差 2、器具的清洁度 □好 □中 □差	1、吧台台面清理 □好 □中 □差 2、器具的清洁度 □好 □中 □差	1、吧台台面清理 □好 □中 □差 2、器具的清洁度 □好 □中 □差
综合能力评价	□好　　□中　　□差			

活动四　填充任务单

任务内容	名称／用途／制作方法
虹吸壶的冲煮准备	请准备： （1）器具准备：＿＿＿＿＿＿ （2）材料准备：＿＿克咖啡粉 （3）研磨度：＿＿研磨度
用虹吸壶冲煮咖啡的过程	按照操作步骤进行操作： （1）称取＿＿克咖啡豆并磨粉； （2）用布擦拭下壶，保持＿＿； （3）将滤网放进上壶中并扣紧＿＿； （4）在下壶中加入＿＿毫升热水，水温 70~80 摄氏度； （5）燃烧酒精灯放在下壶中下方，并把＿＿斜插在下壶中； （6）当铁链周围冒气泡时，将上壶扶正，并观察上壶； （7）水慢慢从下壶上升到上壶，当水完全上升至上壶时，把火关小并移至下壶的＿＿（不正对下壶）； （8）先用＿＿轻轻搅拌上壶水，再倒入咖啡粉； （9）用搅拌棒下压咖啡粉至水下，再搅拌两圈； （10）＿＿秒后移开酒精灯，再用搅拌棒轻轻搅拌 5 次； （11）用半湿毛巾捂住下壶＿＿，待咖啡液从上壶全部流入下壶即可取出上壶； （12）摇晃下壶使咖啡液均匀，即可出品。

任务五 冰滴壶冲泡咖啡

闷热的天气，冰凉的咖啡更易受到咖啡爱好者的欢迎。除了将制作完成的咖啡冰镇，我们还可以为客人提供低温萃取的咖啡。

冰滴咖啡发明于荷兰，又称荷兰式冰咖啡滴滤器，3~4层的玻璃容器架在木座上，摆在门口的玻璃窗里，壮观中还带点神秘的色彩，上层是装水的容器。据说，当年荷兰在统治印尼期间，种植了许多罗布斯塔种咖啡豆，为了能在热带地区喝下这些相当苦的咖啡豆，他们便专门发明了一种用慢慢滴下的冷水冲泡咖啡的器具。一个有趣的现象是，现在在荷兰已几乎找不到这种咖啡，反倒在亚洲引发了冰滴风潮。

视频 2-5 冰滴壶冲泡咖啡

视频二维码

活动一 冰滴壶冲泡咖啡的准备

器具准备： 冰滴咖啡壶、磨豆机、电子秤、滤纸（图 2-5-1~ 图 2-5-4）

材料准备： 咖啡豆、水、冰块

冰滴壶冲泡咖啡见表 2-5-1。

图 2-5-1 冰滴咖啡壶

图 2-5-2 磨豆机

图 2-5-3 电子秤

图 2-5-4 滤纸

表 2-5-1 冰滴壶冲泡咖啡

烘焙度	中深度烘焙
研磨程度	细度研磨
建议粉量	25 克

活动二 冰滴壶冲泡咖啡的步骤

冰滴壶冲泡咖啡的步骤见表 2-5-2。

表 2-5-2 冰滴壶冲泡咖啡步骤

冰滴壶冲泡咖啡步骤	步骤图
取出冰滴壶粉杯，放入垫片，将 25 克咖啡粉加入	图 2-5-5
轻拍粉杯使表面平整，放入下壶	图 2-5-6
倒入冷水，使咖啡粉湿润	图 2-5-7

冰滴壶冲泡咖啡步骤	步骤图
取出上壶，确保阀门处于关闭状态	图 2-5-8
将上壶放满冰块，并注入冷水至九分满	图 2-5-9
调节水滴流速（2 秒 1 滴）	图 2-5-10
将上壶放进粉杯中，盖上壶盖	图 2-5-11
静置 3~4 小时完成萃取，萃取好的咖啡液放入冰箱保存 2~3 日风味最佳	图 2-5-12

图 2-5-5 放入垫片

图 2-5-6 放入粉杯

图 2-5-7 倒入冷水

图 2-5-8 关闭阀门

图 2-5-9 注入冷水

图 2-5-10 调节流速

活动三　任务评价

评价项目	评价内容	本组评价	他组评价	教师评价
操作前的准备工作	器具和材料准备	□好 □中 □差	□好 □中 □差	□好 □中 □差
操作过程	冰滴壶的操作过程	□好 □中 □差	□好 □中 □差	□好 □中 □差
咖啡品鉴	（1）咖啡醇度 （2）咖啡液品鉴	（1）咖啡醇度 （用强、中、弱表示） （2）咖啡品鉴 苦（ ）辛（ ） 酸（ ）咸（ ）	（1）咖啡醇度 （用强、中、弱表示） （2）咖啡品鉴 苦（ ）辛（ ） 酸（ ）咸（ ）	（1）咖啡醇度 （用强、中、弱表示） （2）咖啡品鉴 苦（ ）辛（ ） 酸（ ）咸（ ）
操作结束工作	1、清理吧台台面要求 2、器具清洁要求	1、吧台台面清理 □好 □中 □差 2、器具的清洁度 □好 □中 □差	1、吧台台面清理 □好 □中 □差 2、器具的清洁度 □好 □中 □差	1、吧台台面清理 □好 □中 □差 2、器具的清洁度 □好 □中 □差
综合能力评价	□好　　□中　　□差			

活动四　填充任务单

任务内容	名称 / 用途 / 制作方法
冰滴壶的冲煮准备	请准备： （1）器具准备：＿＿＿＿＿＿ （2）材料准备：＿＿＿＿＿克咖啡豆、水、冰块 （3）研磨度：细研磨度
用冰滴壶冲煮咖啡的过程	按照操作步骤进行操作： （1）取出冰滴壶粉杯，放入＿＿＿，将＿＿＿克咖啡粉加入； （2）轻拍粉杯使表面平整，放入下壶； （3）倒入＿＿＿，使咖啡粉湿润； （4）取出上壶，确保阀门处于＿＿＿状态； （5）将上壶放满冰块，并注入冷水至＿＿＿满； （6）调节水滴流速（＿＿＿）； （7）将上壶放进粉杯中，盖上壶盖； （8）静止＿＿＿小时完成萃取，萃取好的咖啡液放入冰箱保存＿＿＿风味最佳。

任务六 爱乐压冲泡咖啡

在没有半自动意式咖啡机的时候，若想追求咖啡萃取味道的均衡，咖啡师可以使用爱乐压为客人快速制作一份咖啡因少、苦味略淡、偏意式风味的咖啡。

爱乐压是由美国 AIRPOBIE 公司于 2006 年推出的一种使用简便的全新咖啡制作器具，操作简单（90 秒内可以完成），融合了压滤萃取（如法压壶）、滴滤萃取（如滴滤壶）和加压萃取（如半自动咖啡机）三者的某些长处，萃取出来的咖啡具有纯净度高（借助滤纸过滤）、浓郁度适中（施加适度压力）、无焦苦味等优点。

活动一 爱乐压冲泡咖啡的准备

器具准备：爱乐压、磨豆机、电子秤、手冲壶（图 2-6-1~ 图 2-6-4）

材料准备：咖啡豆、热水

爱乐压冲泡咖啡见表 2-6-1。

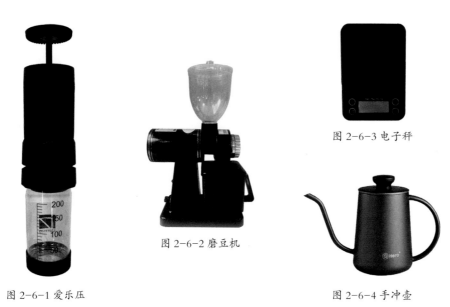

图 2-6-3 电子秤

图 2-6-2 磨豆机

图 2-6-1 爱乐压

图 2-6-4 手冲壶

表 2-6-1　爱乐压冲泡咖啡

烘焙度	中深度烘焙
研磨程度	细度研磨
建议粉量	14 克
建议冰水量	140 毫升
萃取水温	90 摄氏度

活动二　爱乐压冲泡咖啡的步骤

爱乐压冲泡咖啡的步骤见表 2-6-2。

表 2-6-2　爱乐压冲泡咖啡步骤

爱乐压冲泡咖啡步骤	步骤图
将下滤片顶部朝上放入粉杯	图 2-6-5
将 14 克咖啡粉放入粉杯中	图 2-6-6
将上分水网顶部朝上压好咖啡粉	图 2-6-7
锁紧粉杯盖放入粉杯锁环	图 2-6-8
将粉杯和粉杯锁环放在透明杯上，上水杯的盖子、压泵取出，加入 90 摄氏度、140 毫升的热水	图 2-6-9
将上水杯的盖子、压泵放置在上水杯上面并扭紧，匀速按压（1 秒 / 次）	图 2-6-10

图 2-6-5 放入粉杯

图 2-6-6 加入咖啡粉

图 2-6-7 放入上分水网

图 2-6-8 锁紧粉杯盖

图 2-6-9 加入热水

图 2-6-10 匀速按压

活动三　任务评价

评价项目	评价内容	本组评价	他组评价	教师评价
操作前的准备工作	器具和材料准备	□好 □中 □差	□好 □中 □差	□好 □中 □差
操作过程	爱乐压的操作过程	□好 □中 □差	□好 □中 □差	□好 □中 □差
咖啡品鉴	（1）咖啡醇度 （2）咖啡液品鉴	（1）咖啡醇度 （用强、中、弱表示） （2）咖啡品鉴 苦（　）辛（　） 酸（　）咸（　）	（1）咖啡醇度 （用强、中、弱表示） （2）咖啡品鉴 苦（　）辛（　） 酸（　）咸（　）	（1）咖啡醇度 （用强、中、弱表示） （2）咖啡品鉴 苦（　）辛（　） 酸（　）咸（　）
操作结束工作	1、清理吧台台面要求 2、器具清洁要求	1、吧台台面清理 □好 □中 □差 2、器具的清洁度 □好 □中 □差	1、吧台台面清理 □好 □中 □差 2、器具的清洁度 □好 □中 □差	1、吧台台面清理 □好 □中 □差 2、器具的清洁度 □好 □中 □差
综合能力评价	□好　　□中　　□差			

活动四　填充任务单

任务内容	名称 / 用途 / 制作方法
爱乐压的冲泡准备	请准备： （1）器具准备：_____ （2）材料准备：咖啡粉 （3）研磨度：_____
用爱乐压冲泡咖啡的过程	（1）将下滤片顶部朝上放入粉杯； （2）将___克咖啡粉放入粉杯中； （3）将上分水网顶部朝上压好咖啡粉放； （4）锁紧粉杯盖放入粉杯锁环； （5）将粉杯和粉杯锁环放在透明杯上，上水杯的盖子、压泵取出，加入___摄氏度，___毫升的热水； （6）将上水杯的盖子、压泵放置在上水杯上面并扭紧，匀速按压（1秒 / 次）。

任务七 美式电动滴滤咖啡机冲泡咖啡

美式电动滴滤咖啡机的工作原理和滴漏壶是一样的，可以说是电动的滴漏壶，其内部容箱为漏斗式，壶内的喷嘴以辐射状向四周的咖啡粉喷洒热水，由此过滤而成的咖啡液就是美式咖啡。

活动一　美式电动滴滤咖啡机冲泡咖啡的准备

器具准备： 美式电动滴滤咖啡机、电子秤、磨豆机（图2-7-1~图2-7-3）

材料准备： 咖啡豆、水

美式电动滴滤咖啡机冲泡咖啡见表2-7-1。

图 2-7-1 美式电动滴滤咖啡机

图 2-7-2 电子秤

图 2-7-3 磨豆机

表 2-7-1　美式电动滴滤咖啡机冲泡咖啡

烘焙度	中度烘焙
研磨程度	中度偏细研磨
建议粉量	21克（也可按美式电滴滤咖啡机的标注粉量操作）
建议水量	350毫升

活动二 美式电动滴滤咖啡机冲泡咖啡的步骤

美式电动滴滤咖啡机冲泡咖啡的步骤见表2-7-2。

表2-7-2 美式电动滴滤咖啡机冲泡咖啡步骤

美式电动滴滤咖啡机冲泡咖啡步骤	步骤图
将21克研磨好的咖啡粉倒入到滤网中	图2-7-4
再向咖啡机的储水仓倒入350毫升水	图2-7-5
打开电源开关，几分钟后，沸水会通过滤网喷洒在咖啡粉上，随后萃取好的咖啡液滴入下方的盛器中	图2-7-6
关掉电源，出品咖啡	图2-7-7

图2-7-4 加入咖啡粉

图2-7-5 加入350毫升水

图2-7-6 打开开关

图2-7-7 出品咖啡

活动三　任务评价

评价项目	评价内容	本组评价	他组评价	教师评价
操作前的准备工作	器具和材料准备	□好 □中 □差	□好 □中 □差	□好 □中 □差
操作过程	美式电动滴滤咖啡机的操作过程	□好 □中 □差	□好 □中 □差	□好 □中 □差
咖啡品鉴	（1）咖啡醇度 （2）咖啡液品鉴	（1）咖啡醇度 （用强、中、弱表示） （2）咖啡品鉴 苦（　）辛（　） 酸（　）咸（　）	（1）咖啡醇度 （用强、中、弱表示） （2）咖啡品鉴 苦（　）辛（　） 酸（　）咸（　）	（1）咖啡醇度 （用强、中、弱表示） （2）咖啡品鉴 苦（　）辛（　） 酸（　）咸（　）
操作结束工作	1、清理吧台台面要求 2、器具清洁要求	1、吧台台面清理 □好 □中 □差 2、器具的清洁度 □好 □中 □差	1、吧台台面清理 □好 □中 □差 2、器具的清洁度 □好 □中 □差	1、吧台台面清理 □好 □中 □差 2、器具的清洁度 □好 □中 □差
综合能力评价	□好　　□中　　□差			

活动四　填充任务单

任务内容	名称 / 用途 / 制作方法
美式电动滴滤咖啡机的冲泡准备	请准备： （1）器具准备：_____ （2）材料准备：_____ （3）研磨度：_____
用美式滴滤咖啡机冲泡咖啡的过程	按照操作步骤进行操作： （1）将___克研磨好的咖啡粉倒入到滤网中； （2）再向咖啡机的储水仓倒入___毫升水； （3）打开电源开关，几分钟后，沸水会通过滤网喷洒在咖啡粉上，随后萃取好的咖啡液滴入下方的盛器中； （4）___电源，出品咖啡。

任务八 半自动咖啡机冲煮咖啡

1901 年，世界上第一台意式浓缩咖啡机由米兰工程师贝瑟拉发明。1961 年，飞马公司以泵取代活塞，生产了第一台泵式的浓缩咖啡机，从而进入真正意义上的意式浓缩咖啡时代。意大利浓缩咖啡入口时略微苦涩，香味醇厚，油脂丰富，口感细腻。

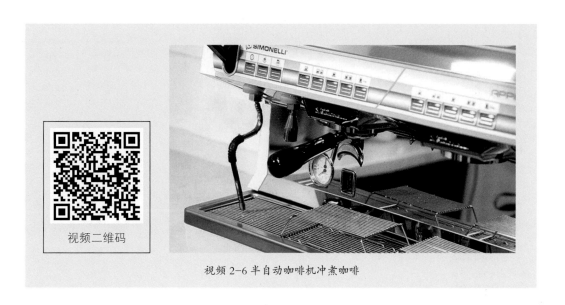

视频二维码

视频 2-6 半自动咖啡机冲煮咖啡

视频二维码

视频 2-7 半自动咖啡机的清洗

活动一　半自动咖啡机冲煮咖啡的准备

器具准备： 半自动咖啡机、意式专业研磨机、粉锤、布粉器、浓缩咖啡杯、粉渣盒

材料准备： 咖啡豆

半自动咖啡机冲煮咖啡见表2-8-1。

图 2-8-1 半自动咖啡机

图 2-8-2 意式专业研磨机

图 2-8-3 粉锤

图 2-8-4 布粉器

图 2-8-5 浓缩咖啡杯

表 2-8-1　半自动咖啡机冲煮咖啡

图 2-8-6 粉渣盒

烘焙度	深度烘焙
研磨程度	极细研磨（类似面粉）
建议粉量	18 克
萃取咖啡液	32~34 毫升
萃取时间	20~28 秒

活动二 半自动咖啡机冲煮咖啡的步骤

半自动咖啡机冲煮咖啡的步骤见表 2-8-2。

表 2-8-2 半自动咖啡机冲煮咖啡步骤

半自动咖啡机冲煮咖啡步骤	步骤图
调整意式研磨机的刻度，研磨 18 克极细咖啡粉	图 2-8-7
用布粉器布粉，并用粉锤压粉（注意压粉力度）	图 2-8-8
按下半自动咖啡机萃取键放水，将手柄扣紧，立刻将电子秤放于出水口下方，将浓缩咖啡杯放在电子秤上并归零	图 2-8-9
按下半自动咖啡机萃取键，计时，应在 20~28 秒内萃取 32~34 毫升浓缩咖啡液	图 2-8-10
萃取完毕后，取下手柄，将咖啡渣倒出，按下冲煮头开关，使冲煮头内的热水流出，冲煮手柄对准冲煮头用热水冲洗	图 2-8-11

图 2-8-7 研磨咖啡粉

图 2-8-8 粉锤压粉

图 2-8-9 按键放水

图 2-8-10 萃取咖啡

图 2-8-11 冲洗手柄

活动三　任务评价

评价项目	评价内容	本组评价	他组评价	教师评价
操作前的准备工作	器具和材料准备	□好 □中 □差	□好 □中 □差	□好 □中 □差
操作过程	半自动咖啡机的操作过程	□好 □中 □差	□好 □中 □差	□好 □中 □差
咖啡品鉴	（1）咖啡醇度 （2）咖啡液品鉴	（1）咖啡醇度（用强、中、弱表示） （2）咖啡品鉴 苦（ ）辛（ ） 酸（ ）咸（ ）	（1）咖啡醇度（用强、中、弱表示） （2）咖啡品鉴 苦（ ）辛（ ） 酸（ ）咸（ ）	（1）咖啡醇度（用强、中、弱表示） （2）咖啡品鉴 苦（ ）辛（ ） 酸（ ）咸（ ）
操作结束工作	1、清理吧台台面要求 2、器具清洁要求	1、吧台台面清理 □好 □中 □差 2、器具的清洁度 □好 □中 □差	1、吧台台面清理 □好 □中 □差 2、器具的清洁度 □好 □中 □差	1、吧台台面清理 □好 □中 □差 2、器具的清洁度 □好 □中 □差
综合能力评价	□好　　　□中　　　□差			

活动四　填充任务单

任务内容	名称 / 用途 / 制作方法
半自动咖啡机的冲煮准备	请准备： （1）器具准备：_____ （2）材料准备：咖啡粉 （3）研磨度：_____
用半自动冲煮咖啡的过程	按照操作步骤进行操作： （1）调整意式研磨机的刻度，研磨___克极细咖啡粉； （2）用___布粉，并用___压粉（注意压粉力度）； （3）按下半自动咖啡机萃取键放水，将手柄扣紧，立刻将电子秤放于出水口下方，将浓缩咖啡杯放在电子秤上并归零； （4）按下半自动咖啡机萃取键，计时，应在___秒内萃取___毫升浓缩咖啡液； （5）萃取完毕后，取下手柄，将咖啡渣倒出，按下冲煮头开关，使冲煮头内的热水流出，冲煮手柄对准冲煮头用热水冲洗。

任务九 土耳其壶冲煮咖啡

　　土耳其咖啡并不常见，而它的口味主要分为苦、微甜以及甜这三种口味。烹煮方法主要是以一种名为土耳其壶（Briki）的容器，将咖啡粉磨得很细，直接放入锅中烹煮，一直到煮沸腾为止，然后再将火关掉，全部倒入杯中。

　　土耳其人喝咖啡，残渣是不滤掉的，由于咖啡磨得非常细，因此在品尝时，大部分的咖啡粉都会沉淀在杯子的最下面，不过在喝时，还是能喝到一些细微的咖啡粉末，这也是土耳其咖啡最大的特色。土耳其咖啡还有一项特色，就是在喝时，不加任何伴侣或牛奶，并且在烹煮咖啡时，先加入一些糖，而糖的多少主要也是随个人喜好，有人喜欢喝苦的，一点糖都不加，而有些人则喜欢较甜的口味。

　　另外，为了能真正品尝出土耳其咖啡独特的味道，还会准备一杯冰水，在喝土耳其咖啡之前，最好先喝一口冰水，让口中的味觉达到最灵敏的程度，之后就可以慢慢体会出土耳其咖啡那种微酸又带点苦涩的感觉！

视频二维码

视频 2-8 土耳其咖啡壶冲煮咖啡

活动一　土耳其壶冲煮咖啡的准备

器具准备： 土耳其壶、搅拌棒、电陶炉／明火、电子秤（图 2-9-1～图 2-9-4）

材料准备： 咖啡豆、糖、水

土耳其壶冲煮咖啡见表 2-9-1。

图 2-9-1 土耳其咖啡壶

图 2-9-2 搅拌棒

图 2-9-3 电陶炉

图 2-9-4 电子秤

表 2-9-1　土耳其壶冲煮咖啡

烘焙度	深度烘焙
研磨程度	极细研磨（比面粉还要细）
建议粉量	15 克
冷水	150 毫升

活动二 土耳其壶冲煮咖啡的步骤

土耳其壶冲煮咖啡的步骤见表 2-9-2。

表 2-9-2 土耳其壶冲煮咖啡的步骤

用土耳其壶冲煮咖啡步骤	步骤图
在土耳其壶中放入 100 毫升冷水，加入 15 克极细咖啡粉	图 2-9-5
将土耳其壶放在明火或电陶炉上加热	图 2-9-6
加热过程中用搅拌棒轻柔搅拌	图 2-9-7
加入一块方糖，煮融化	图 2-9-8
当咖啡液沸腾迅速上升的同时离火，并将三分之一的咖啡液倒入杯中，反复三次	图 2-9-9
关火静置，出品咖啡	图 2-9-10

图 2-9-5 加入咖啡粉

图 2-9-6 加热

图 2-9-7 轻柔搅拌

图 2-9-8 加入方糖

图 2-9-9 沸腾离火倒出

图 2-9-10 出品咖啡

活动三　任务评价

评价项目	评价内容	本组评价	他组评价	教师评价
操作前的准备工作	器具和材料准备	□好 □中 □差	□好 □中 □差	□好 □中 □差
操作过程	土耳其壶的操作过程	□好 □中 □差	□好 □中 □差	□好 □中 □差
咖啡品鉴	（1）咖啡醇度 （2）咖啡液品鉴	（1）咖啡醇度 （用强、中、弱表示） （2）咖啡品鉴 苦（ ）辛（ ） 酸（ ）咸（ ）	（1）咖啡醇度 （用强、中、弱表示） （2）咖啡品鉴 苦（ ）辛（ ） 酸（ ）咸（ ）	（1）咖啡醇度 （用强、中、弱表示） （2）咖啡品鉴 苦（ ）辛（ ） 酸（ ）咸（ ）
操作结束工作	1、清理吧台台面要求 2、器具清洁要求	1、吧台台面清理 □好 □中 □差 2、器具的清洁度 □好 □中 □差	1、吧台台面清理 □好 □中 □差 2、器具的清洁度 □好 □中 □差	1、吧台台面清理 □好 □中 □差 2、器具的清洁度 □好 □中 □差
综合能力评价	□好　　□中　□差			

活动四　填充任务单

任务内容	名称 / 用途 / 制作方法
土耳其壶的冲煮准备	请准备： （1）器具准备：＿＿＿＿＿ （2）材料准备：咖啡粉 （3）研磨度：＿＿＿
用土耳其壶冲煮咖啡的过程	按照操作步骤进行操作： （1）在土耳其咖啡壶中放入＿＿＿毫升冷水，加入＿＿＿克咖啡粉； （2）将土耳其咖啡壶放在明火或电陶炉上加热； （3）加热过程中用＿＿＿轻柔搅拌； （4）加入一块方糖，煮融化； （5）当咖啡液沸腾迅速上升的同时离火，并将＿＿＿的咖啡液倒入杯中，反复＿＿次； （6）关火静置，出品咖啡。

单元三

经典咖啡制作

 本章节知识目标

本章节分享了八款经典的咖啡饮品制作，通过结合第一、二章节所学咖啡知识点，学会制作咖啡成品，并且能在此基础上创作创意咖啡。

本章节内容设置

1. 了解八款经典咖啡的起源

2. 掌握八款经典咖啡所用的器具、制作要点、制作过程

任务一 制作美式咖啡

美式咖啡（图3-1-1）可以看作是美国化的意式浓缩咖啡——通常是将热水倒入意式浓缩咖啡中以获得稀释后偏淡的口感，有资料称第二次世界大战时期，美国大兵在意大利喝不惯浓缩咖啡，意大利的咖啡师就在浓缩咖啡里加入了热水，没想到这样做出来的咖啡，非常受美国大兵的欢迎，而浓缩咖啡加热水的这种制作方式，就被意大利人称为了"Americano"。最近几十年，随着星巴克等美国咖啡馆连锁巨头的全世界扩张，美式咖啡因其较之意式浓缩咖啡更加适应大众的口味，且制作十分便利，愈发流行起来。

活动一 制作美式咖啡的准备

一、器具准备

半自动咖啡机、意式磨豆机、咖啡杯、电子秤

二、材料准备

咖啡豆、90摄氏度热水

活动二 制作美式咖啡的步骤

（1）预热半自动咖啡机；

（2）温杯；

（3）调整意式磨豆机的研磨度达到意式浓缩咖啡所需要的标准；

（4）研磨18克咖啡粉，并均匀布粉和压粉；

（5）萃取30~45毫升的咖啡液，萃取时间20~28秒；

（6）将萃取好的咖啡液到入250毫升90摄氏度的热水中。

图 3-1-1 美式咖啡

活动三　拓展——制作冰美式咖啡

（1）制作 60 毫升意式浓缩咖啡；

（2）在杯中倒入 150 毫升冰水，加入冰块至杯中的八九分满；

（3）缓缓注入意式浓缩咖啡。

图 3-1-2 冰美式咖啡

活动四　任务评价

评价项目	评价内容	本组评价	他组评价	教师评价
操作前的准备工作	准备的器具及材料	□好 □中 □差	□好 □中 □差	□好 □中 □差
操作过程	美式咖啡操作规范	□好 □中 □差	□好 □中 □差	□好 □中 □差
成品效果	美式咖啡的外观和口感	外观造型 □好 □中 □差 咖啡饮品口感 （用强、中、弱表示） 苦（ ）融合（ ）甜（ ）	外观造型 □好 □中 □差 咖啡饮品口感 （用强、中、弱表示） 苦（ ）融合（ ）甜（ ）	外观造型 □好 □中 □差 咖啡饮品口感 （用强、中、弱表示） 苦（ ）融合（ ）甜（ ）
操作结束工作	1、清理吧台台面要求 2、器具清洁要求	1、吧台台面清理 □好 □中 □差 2、器具的清洁度 □好 □中 □差	1、吧台台面清理 □好 □中 □差 2、器具的清洁度 □好 □中 □差	1、吧台台面清理 □好 □中 □差 2、器具的清洁度 □好 □中 □差
综合能力评价		□好　　□中　　□差		

活动五　填充任务单

任务内容	名称 / 用途 / 制作方法
制作美式咖啡的准备	器具准备：_____ 材料准备：_____
制作美式咖啡	按照操作步骤进行操作： （1）预热半自动咖啡机； （2）温杯； （3）调整意式磨豆机的研磨度达到意式浓缩咖啡所需要的标准； （4）研磨 18 克咖啡粉，并均匀布粉和压粉； （5）萃取 30~45 毫升的咖啡液，萃取时间 20~28 秒； （6）将萃取好的咖啡液到入____毫升____摄氏度的热水中。
制作冰美式咖啡	拓展练习： 制作冰美式咖啡 制作方法： （1）制作____毫升意式浓缩咖啡； （2）在杯中倒入____毫升冰水，加入冰块至杯中的八九分满； （3）缓缓注入意式浓缩咖啡。

任务二　制作维也纳咖啡

维也纳咖啡乃奥地利最著名的咖啡，以美味的鲜奶油和巧克力的甜美风味迷倒许多咖啡爱好者，在鲜奶油上，撒落五颜六色的七彩米，外观非常漂亮，甜甜的巧克力糖浆、浓浓的鲜奶油啜饮滚烫的热咖啡，更是别有风味。在很久以前，有一位来自维也纳的名叫爱因·舒伯纳的敞篷马车夫，在一个寒冷的夜晚，他一边等待着主人归来，一边为自己冲泡咖啡，那一刻他不禁想起了自己家中温柔的妻子，一点一点为他搅拌咖啡里的糖和奶油时的情景，马车夫沉醉其中，不知不觉中向杯子里加了很多很多的奶油，却没有搅拌……鲜奶油混合着巧克力糖浆的做法一直衍化为现在的维也纳咖啡，它的甜美风味和如同爱人一样的味道迷倒了众多沉醉在爱恋中的人。

活动一　制作维也纳咖啡的准备

一、器具准备

摩卡壶、电陶炉／明火、磨豆机、奶油枪、咖啡杯

二、材料准备

动物奶油、巧克力七彩米、巧克力糖浆、咖啡豆、细砂糖

奶油小常识

奶油可分为植物奶油和动物奶油。植物奶油是以大豆油等植物油混合水、盐、奶粉等加工而成的。植物奶油很香甜，口感丰富，但其实这是香精的"功劳"；而且植物奶油吃起来黏黏的，有些糊口。动物奶油也叫淡奶油或稀奶油，是从全脂奶中分离得到的，有着天然的浓郁乳香。动物奶油的颜色偏黄，不易塑形，动物奶油口感淡淡的，不含人工香料。

按 1∶10 的比例准备好细砂糖和冷藏过的动物奶油，用电动打蛋器的中速档搅打奶油，边打边倒入细砂糖，出现纹路后换成低速挡打发，直到出现清晰的纹路且呈不流动状态即可使用。

活动二　制作维也纳咖啡的步骤

（1）将20克咖啡豆磨粉（不必用完），并检查摩卡壶是否干净；

（2）将热水倒入咖啡壶的下壶，水不能超过气孔的高度，否则加热后热水会带着水蒸气从侧方喷出，造成不必要的危险；

（3）将咖啡粉倒入滤器（滤网）中，再轻轻抹平，并放入下壶中；

（4）将上壶置于下壶上方，小心锁紧，放在电磁炉或明火上，开始加热；

（5）打开上座的盖，当看到咖啡液完全通过导流管流至上壶，导流管只冒出气泡而无液体流出时，熄火；

（6）在咖啡杯中倒入细砂糖，将煮好的咖啡倒于杯中，约八分满；

（7）在咖啡上装饰打发好的动物奶油；

（8）淋上适量的巧克力糖浆，撒上七彩米。

制作好的维也纳咖啡见图3-2-1。

图 3-2-1 维也纳咖啡

活动三　拓展——制作康宝蓝咖啡

（1）用半自动咖啡机制作60毫升意式浓缩咖啡；

（2）温杯，将意式浓缩咖啡倒入咖啡杯中，并把打发好的奶油旋转挤入杯中。

制作好的康宝蓝咖啡见图3-2-2。

图 3-2-2 康宝蓝咖啡

活动四 任务评价

评价项目	评价内容	本组评价	他组评价	教师评价
操作前的准备工作	准备的器具及材料	□好 □中 □差	□好 □中 □差	□好 □中 □差
操作过程	维也纳咖啡操作规范	□好 □中 □差	□好 □中 □差	□好 □中 □差
成品效果	维也纳咖啡的外观和口感	外观造型 □好 □中 □差 咖啡饮品口感 （用强、中、弱表示） 苦（ ）融合（ ）甜（ ）	外观造型 □好 □中 □差 咖啡饮品口感 （用强、中、弱表示） 苦（ ）融合（ ）甜（ ）	外观造型 □好 □中 □差 咖啡饮品口感 （用强、中、弱表示） 苦（ ）融合（ ）甜（ ）
操作结束工作	1、清理吧台台面要求 2、器具清洁要求	1、吧台台面清理 □好 □中 □差 2、器具的清洁度 □好 □中 □差	1、吧台台面清理 □好 □中 □差 2、器具的清洁度 □好 □中 □差	1、吧台台面清理 □好 □中 □差 2、器具的清洁度 □好 □中 □差
综合能力评价	□好　　□中　　□差			

活动五　填充任务单

任务内容	名称／用途／制作方法
制作维也纳咖啡的准备	器具准备：_____ 材料准备：_____
制作维也纳咖啡	按照操作步骤进行操作： （1）将___克咖啡豆磨粉（不必用完），并检查摩卡壶是否干净 （2）将热水倒入咖啡壶的下壶，水不能超过___的高度，否则加热后热水会带着水蒸气从侧方喷出，造成不必要的危险； （3）将咖啡粉倒入滤器（滤网）中，再轻轻抹平，并放入下壶中； （4）将上壶置于下壶上方，小心锁紧，放在电磁炉或明火上，开始加热 （5）打开上座的盖，当看到咖啡液完全通过___流至上壶，导流管只冒出气泡而无液体流出时，熄火； （6）在咖啡杯中倒入细砂糖，将煮好的咖啡倒于杯中，约___； （7）在咖啡上装饰打发好的___； （8）淋上适量的巧克力糖浆，撒上七彩米。
制作康宝蓝咖啡	拓展练习： 制作康宝蓝咖啡 制作方法： （1）用半自动咖啡机制作___毫升意式浓缩咖啡； （2）温杯，将意式浓缩咖啡倒入咖啡杯中，并把打发好的奶油___挤入杯中。

任务三　制作焦糖玛琪雅朵咖啡

焦糖玛琪雅朵咖啡又叫"烙印"咖啡，玛琪雅朵（Macchiato）在意大利语中是"烙印"的意思，玛琪雅朵咖啡是一款制作简单但口感浓烈的咖啡。如果说摩卡象黑巧克力的话，那么玛琪雅朵就是太妃糖，其给人柔柔的温柔感，而且细腻的奶沫与焦糖结合后，如浮云般润滑。所以玛琪雅朵通常是女孩子的最爱。

活动一　制作焦糖玛琪雅朵咖啡的准备

一、器具准备

半自动咖啡机、磨豆机、勺子、咖啡杯、挤酱瓶

二、材料准备

牛奶、焦糖糖浆、咖啡豆

活动二　制作焦糖玛琪雅朵咖啡的步骤

（1）预热半自动咖啡机；

（2）温杯；

（3）调整意式磨豆机的研磨度达到意式浓缩咖啡所需要的标准；

（4）研磨18克咖啡粉，并均匀布粉和压粉；

（5）萃取30~45毫升的咖啡液，萃取时间20~28秒；

（6）咖啡杯中倒入适量焦糖糖浆（约10毫升）；

（7）将萃取好的咖啡液倒入咖啡杯中，搅拌几下；

（8）倒入热牛奶；

（9）将打发好的绵密奶沫用勺舀到咖啡杯中至10分满；

（10）将剩余焦糖糖浆挤在奶沫上做装饰即可。

制作好的焦糖玛琪雅朵咖啡见图3-3-1。

图3-3-1 焦糖玛琪雅朵咖啡

活动三 拓展——制作冰焦糖玛琪雅朵咖啡

（1）将牛奶与冰块倒入杯中；

（2）将萃取好的咖啡液与适量焦糖酱（约10毫升）混合；

（3）将混合好的咖啡倒入杯中，搅拌均匀；

（4）制作绵密的奶沫；

（5）将奶沫舀到咖啡杯中至8分满；

（6）奶沫表面挤上焦糖酱做装饰即可。

制作好的冰焦糖玛琪雅朵咖啡见图3-3-2。

图3-3-2 冰焦糖玛琪雅朵咖啡

活动四 任务评价

评价项目	评价内容	本组评价	他组评价	教师评价
操作前的准备工作	准备的器具及材料	□好 □中 □差	□好 □中 □差	□好 □中 □差
操作过程	焦糖玛琪雅朵咖啡操作规范	□好 □中 □差	□好 □中 □差	□好 □中 □差
成品效果	焦糖玛琪雅朵咖啡的外观和口感	外观造型 □好 □中 □差 咖啡饮品口感 （用强、中、弱表示） 苦（ ）融合（ ）甜（ ）	外观造型 □好 □中 □差 咖啡饮品口感 （用强、中、弱表示） 苦（ ）融合（ ）甜（ ）	外观造型 □好 □中 □差 咖啡饮品口感 （用强、中、弱表示） 苦（ ）融合（ ）甜（ ）
操作结束工作	1、清理吧台台面要求 2、器具清洁要求	1、吧台台面清理 □好 □中 □差 2、器具的清洁度 □好 □中 □差	1、吧台台面清理 □好 □中 □差 2、器具的清洁度 □好 □中 □差	1、吧台台面清理 □好 □中 □差 2、器具的清洁度 □好 □中 □差
综合能力评价	□好　　　□中　　　□差			

活动五　填充任务单

任务内容	名称 / 用途 / 制作方法
制作焦糖玛奇雅朵咖啡的准备	器具准备：_____ 材料准备：_____
制作焦糖玛奇雅朵咖啡	按照操作步骤进行操作： （1）预热半自动咖啡机； （2）温杯； （3）调整意式磨豆机的研磨度达到咖啡液所需要的标准； （4）研磨____克咖啡粉，并均匀布粉和压粉； （5）萃取 30~45 毫升的咖啡液，萃取时间____秒； （6）咖啡杯中倒入适量焦糖糖浆（约____毫升）； （7）将萃取好的意式浓缩咖啡倒入咖啡杯中，搅拌几下； （8）倒入热牛奶； （9）将打发好的绵密____用勺舀到咖啡杯中至 10 分满； （10）将剩余焦糖糖浆挤在奶沫上做装饰即可。
制作冰焦糖玛琪雅朵咖啡	拓展练习： 制作冰焦糖玛琪雅朵咖啡 制作方法： （1）将牛奶与____倒入杯中； （2）将萃取好的咖啡液与适量____（约 10 毫升）混合； （3）将混合好的咖啡倒入杯中，搅拌均匀； （4）制作绵密的____； （5）将奶沫舀到咖啡杯中至____； （6）奶沫表面挤上____做装饰即可。

任务四 制作拿铁咖啡

　　1683 年，土耳其军队第二次进攻维也纳。当时的神圣罗马帝国皇帝利奥博德一世与波兰国王扬·索别斯基订有攻守同盟，波兰人只要得知土耳其军队进攻的消息，增援大军就会迅速赶到。但问题是，谁来突破土耳其人的重围去给波兰人送信呢？曾经在土耳其游历的维也纳人柯奇斯基自告奋勇，以流利的土耳其话骗过围城的土耳其军队，跨越多瑙河，搬来了波兰军队。土耳其的军队虽然骁勇善战，但在波兰大军和维也纳大军的夹击下，还是仓皇退却了，走时在城外丢下了大批军需物资，其中就有数十麻袋的咖啡豆。但是维也纳人不知道这是什么东西，只有柯奇斯基知道这是一种神奇的饮料，于是他请求把这数十麻袋咖啡豆作为突围求救的奖赏。其后，他利用这些战利品在维也纳开设了一家咖啡馆——蓝瓶子。开始的时候，咖啡馆的生意并不好，原因是欧洲人不像土耳其人那样，喜欢连咖啡渣一起喝下去。于是聪明的柯奇斯基改变了配方，过滤掉咖啡渣并加入大量牛奶——这就是如今咖啡馆里常见的"拿铁"咖啡的原创版本。

视频二维码

视频 3-1 拿铁咖啡的制作

活动一　制作拿铁咖啡的准备

一、器具准备

半自动咖啡机、磨豆机、250毫升咖啡杯、奶缸、压粉器、布粉器

二、材料准备

全脂牛奶、咖啡豆

活动二　打奶泡

打奶泡步骤	步骤图
取200毫升冰牛奶倒入奶缸	图3-4-1
把蒸汽棒打开，喷一下蒸汽后关闭，以预热蒸汽喷嘴，并把蒸汽棒中残余的水喷出	图3-4-2
将蒸汽棒伸进奶液下方1厘米处	图3-4-3
把蒸汽开关打开，牛奶快速旋转并发出"呲呲"声，两声后，抬高奶缸，漩涡使奶泡搅打绵密	图3-4-4
当牛奶温度升温至70摄氏度，即可关闭蒸汽开关。移开奶缸后，再次打开蒸汽开关喷一下把残余液体喷出，防止堵塞蒸汽棒，并用湿毛巾立即仔细擦洗蒸汽棒以及蒸汽喷头	图3-4-5

图3-4-1 倒入冰牛奶

图3-4-2 预热蒸汽喷嘴

图3-4-3 蒸汽棒伸入奶液下方

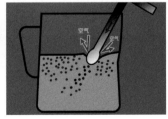

图3-4-4 搅打奶泡

图3-4-5 牛奶升温

活动三　制作拿铁咖啡的步骤

（1）用电子秤量取 20 克的咖啡豆；

（2）20 克咖啡豆放进意式磨豆机，取 18 克咖啡粉；

（3）咖啡粉放进粉碗在半自动咖啡机中萃取两小杯各 18 毫升的咖啡液；

（4）将两小杯咖啡液倒入咖啡杯中；

（5）将打好的奶泡注入，并拉花。

制作好的拿铁咖啡见图 3-4-6。

图 3-4-6 拿铁咖啡

活动四　任务评价

评价项目	评价内容	本组评价	他组评价	教师评价
操作前的准备工作	准备的器具及材料	□好 □中 □差	□好 □中 □差	□好 □中 □差
操作过程	拿铁咖啡操作规范	□好 □中 □差	□好 □中 □差	□好 □中 □差
成品效果	拿铁咖啡的外观和口感	外观造型 □好 □中 □差 咖啡饮品口感 （用强、中、弱表示） 苦（　）融合（　）甜（　）	外观造型 □好 □中 □差 咖啡饮品口感 （用强、中、弱表示） 苦（　）融合（　）甜（　）	外观造型 □好 □中 □差 咖啡饮品口感 （用强、中、弱表示） 苦（　）融合（　）甜（　）
操作结束工作	1、清理吧台台面要求 2、器具清洁要求	1、吧台台面清理 □好 □中 □差 2、器具的清洁度 □好 □中 □差	1、吧台台面清理 □好 □中 □差 2、器具的清洁度 □好 □中 □差	1、吧台台面清理 □好 □中 □差 2、器具的清洁度 □好 □中 □差
综合能力评价	□好　　□中　　□差			

活动五　填充任务单

任务内容	名称 / 用途 / 制作方法
制作拿铁 咖啡的准备	器具准备：_____ 材料准备：_____
打奶泡	按照操作步骤进行操作： （1）取___毫升冰牛奶倒入奶缸； （2）把蒸汽棒打开，喷一下蒸汽后关闭，以___蒸汽喷嘴，并把蒸汽棒中残余的___喷出； （3）将蒸汽棒伸进奶液下方___厘米处； （4）把蒸汽开关打开，牛奶快速旋转并发出"呲呲"声，两声后，抬高奶缸，漩涡使奶泡搅打绵密； （5）当牛奶温度升温至___度，即可关闭蒸汽开关。移开奶缸后，再次打开蒸汽开关喷一下把残余液体喷出，防止堵塞蒸汽棒，并用____立即仔细擦洗蒸汽棒以及蒸汽喷头。
制作拿铁咖啡	按照操作步骤进行操作： （1）用电子秤量取_____咖啡豆； （2）_____咖啡豆放进意式磨豆机，取_____咖啡粉； （3）咖啡粉放进粉碗在半自动咖啡机中萃取两小杯各_____咖啡液； （4）将两小杯咖啡液倒入咖啡杯中； （5）将打好的奶泡注入，并拉花。

任务五 制作卡布奇诺咖啡

卡布奇诺咖啡是意式浓缩咖啡和蒸汽泡沫牛奶相混合的意大利咖啡。咖啡的颜色就像卡布奇诺教会的修士在深褐色的外衣上覆上一条头巾一样，由此得名卡布奇诺咖啡。传统的卡布奇诺咖啡由三分之一浓缩咖啡、三分之一蒸汽牛奶和三分之一泡沫牛奶混合而成，并在上面撒上小颗粒的肉桂粉末。

视频二维码

视频 3-2 卡布奇诺咖啡的制作

活动一　制作卡布奇诺咖啡的准备

一、器具准备

半自动咖啡机、意式专业磨豆机、奶缸、压粉器、布粉器

二、材料准备

全脂纯牛奶、意式咖啡豆

活动二　制作卡布奇诺咖啡的步骤

（1）用电子秤量取 20 克的咖啡豆；

（2）20 克咖啡豆放进意式磨豆机，取 18 克咖啡粉；

（3）咖啡粉放进粉碗，在半自动咖啡机中萃取两小杯各 18 毫升的咖啡液；

（4）取 200 毫升牛奶倒入奶缸，用半自动咖啡机的蒸汽管打奶泡，相对于拿铁，卡布奇诺的奶泡会更厚些，奶泡、牛奶和浓缩咖啡的配比是 1：1：1；

（5）将咖啡液倒入咖啡杯，再将打好奶泡的牛奶缓缓倒入，制作千层心拉花。

制作好的卡布奇诺咖啡见图 3-5-1。

图 3-5-1 卡布奇诺咖啡

活动三　拓展——千层心拉花

（1）将萃取好的浓缩咖啡倒入咖啡杯；

（2）200 毫升的牛奶打奶泡，注意奶泡需要打厚一些；

（3）倾斜咖啡杯，将牛奶从稍高处倒入咖啡杯，注意手法，一边倒一边融合至咖啡杯 1/3 处；

（4）奶缸放低，左右轻晃奶缸，使奶泡和咖啡开始随着摆动形成波纹；

（5）当融合至九分满时，将咖啡杯同时慢慢放正，奶泡缸停在原处使心形图案收出缺口；

（6）奶泡缸向前迅速拉动，勾画出心形的尾巴，使心形图案成型。

千层心拉花过程见图 3-5-2~ 图 3-5-8。

图 3-5-2 倾斜咖啡杯

图 3-5-3 倒入牛奶

图 3-5-4 融合

图 3-5-5 左右轻晃

图 3-5-6 回正咖啡杯

图 3-5-7 向前迅速拉动

图 3-5-8 成品

活动四　任务评价

评价项目	评价内容	本组评价	他组评价	教师评价
操作前的准备工作	准备的器具及材料	□好 □中 □差	□好 □中 □差	□好 □中 □差
操作过程	卡布奇诺咖啡操作规范	□好 □中 □差	□好 □中 □差	□好 □中 □差
成品效果	卡布奇诺咖啡的外观和口感	外观造型 □好 □中 □差 咖啡饮品口感 （用强、中、弱表示） 苦（　）融合（　）甜（　）	外观造型 □好 □中 □差 咖啡饮品口感 （用强、中、弱表示） 苦（　）融合（　）甜（　）	外观造型 □好 □中 □差 咖啡饮品口感 （用强、中、弱表示） 苦（　）融合（　）甜（　）
操作结束工作	1、清理吧台台面要求 2、器具清洁要求	1、吧台台面清理 □好 □中 □差 2、器具的清洁度 □好 □中 □差	1、吧台台面清理 □好 □中 □差 2、器具的清洁度 □好 □中 □差	1、吧台台面清理 □好 □中 □差 2、器具的清洁度 □好 □中 □差
综合能力评价	□好　　□中　　□差			

活动五 填充任务单

任务内容	名称 / 用途 / 制作方法
制作卡布奇诺咖啡的准备	器具准备：_____ 材料准备：_____
制作卡布奇诺咖啡	按照操作步骤进行操作： （1）用电子秤量取 20 克的咖啡豆； （2）20 克咖啡豆放进意式磨豆机，取___克咖啡粉； （3）咖啡粉放进_____，在半自动咖啡机中萃取两小杯各 18 毫升的咖啡液； （4）取 200 毫升牛奶倒入奶缸，用半自动咖啡机的蒸汽管打奶泡，相对于拿铁，卡布奇诺的奶泡会更厚些，奶泡、牛奶和浓缩咖啡的配比是_____； （5）将咖啡液倒入咖啡杯，再将打好奶泡的牛奶缓缓倒入，制作千层心拉花。
制作千层心拉花	拓展练习： 制作千层心拉花 制作方法： （1）将萃取好的浓缩咖啡倒入咖啡杯； （2）200 毫升的牛奶打奶泡，注意奶泡需要打___一些； （3）倾斜咖啡杯，将牛奶从稍高处倒入咖啡杯，注意手法，一边倒一边融合至咖啡杯___处； （4）奶缸放低，左右轻晃奶缸，使奶泡和咖啡开始随着摆动形成波纹； （5）将咖啡杯同时慢慢放正，当融合至 9 分满时，奶泡缸停在原处使心形图案收出缺口； （6）奶泡缸向前迅速拉动，勾画出心形的尾巴，使心形图案成型。

任务六 制作皇家咖啡

据说这是法国皇帝拿破仑最喜欢的咖啡，故以皇家（Royal）为名。上桌时在方糖上淋上白兰地，再点上一朵火苗，华丽幽雅，酒香四溢，确有皇家风范。用皇家咖啡钩匙横放杯口，上放方糖，以白兰地淋湿方糖后点火即可饮用。其口味甘醇，具有白兰地醇美的酒香。

视频二维码

视频 3-3 皇家咖啡的制作

活动一　制作皇家咖啡的准备

一、器具准备

摩卡壶、明火 / 电陶炉、皇家咖啡勺、盎司杯、咖啡杯

二、材料准备

方糖、白兰地酒、咖啡豆

活动二　制作皇家咖啡的步骤

（1）将20克咖啡豆磨粉（不必用完），并检查摩卡壶是否干净；

（2）将热水倒入咖啡壶的下壶，水不能超过气孔的高度，否则加热后热水会带着水蒸气从侧方喷出，造成不必要的危险；

（3）将咖啡粉倒入滤器（滤网）中，再轻轻抹平，并放入下壶中；

（4）将上壶置于下壶上方，小心锁紧，放在电磁炉或明火上，开始加热；

（5）打开上座的盖，当看到咖啡液完全通过导流管流至上壶，导流管只冒出气泡而无液体流出时，熄火；

（6）将煮好的黑咖啡倒入杯中；

（7）将皇家咖啡勺架在盛有热咖啡的咖啡杯上，将方糖置于皇家咖啡匙上；

（8）将约15毫升白兰地酒倒在方糖上，让方糖吸收以便点燃；

（9）用打火机点燃浸满白兰地的方糖，使其燃烧，融化燃烧完毕后用皇家咖啡勺在热咖啡中搅拌，此时可根据自己的爱好加入咖啡伴侣。

制作好的皇家咖啡见图3-6-1。

图3-6-1 皇家咖啡

活动三 拓展——制作红酒咖啡

（1）准备意式浓缩咖啡 30 毫升、糖水 10 毫升、红葡萄酒 30 毫升、牛奶 180 毫升；

（2）将萃取好的意式浓缩咖啡与糖水依次倒入预热过的咖啡杯中，搅拌几下；

（3）将红葡萄酒和冰牛奶倒入奶缸中，进行蒸汽打发的操作，使之成为绵密的奶沫，将红酒奶沫舀到咖啡杯中至 7 分满即可。

制作好的红酒咖啡见图 3-6-2。

图 3-6-2 红酒咖啡

活动四 任务评价

评价项目	评价内容	本组评价	他组评价	教师评价
操作前的准备工作	准备的器具及材料	□好 □中 □差	□好 □中 □差	□好 □中 □差
操作过程	皇家咖啡操作规范	□好 □中 □差	□好 □中 □差	□好 □中 □差
成品效果	皇家咖啡的外观和口感	外观造型 □好 □中 □差 咖啡饮品口感 （用强、中、弱表示） 苦（ ）融合（ ）甜（ ）	外观造型 □好 □中 □差 咖啡饮品口感 （用强、中、弱表示） 苦（ ）融合（ ）甜（ ）	外观造型 □好 □中 □差 咖啡饮品口感 （用强、中、弱表示） 苦（ ）融合（ ）甜（ ）
操作结束工作	1、清理吧台台面要求 2、器具清洁要求	1、吧台台面清理 □好 □中 □差 2、器具的清洁度 □好 □中 □差	1、吧台台面清理 □好 □中 □差 2、器具的清洁度 □好 □中 □差	1、吧台台面清理 □好 □中 □差 2、器具的清洁度 □好 □中 □差
综合能力评价		□好　　　□中　　　□差		

活动五　填充任务单

任务内容	名称 / 用途 / 制作方法
制作皇家咖啡的准备	器具准备：_____ 材料准备：_____
制作皇家咖啡	按照操作步骤进行操作： （1）将 20 克咖啡豆磨粉（不必用完），并检查摩卡壶是否干净； （2）将热水倒入咖啡壶的下壶，水不能超过_____的高度，否则加热后热水会带着水蒸气从侧方喷出，造成不必要的危险； （3）将咖啡粉倒入滤器（滤网）中，再轻轻抹平，并放入下壶中； （4）将上壶置于下壶上方，小心锁紧，放在电磁炉或明火上，开始加热； （5）打开上座的盖，当看到咖啡液完全通过导流管流至上壶，导流管只冒出____而无____流出时，熄火； （6）将煮好的黑咖啡倒入杯中； （7）将____架在盛有热咖啡的咖啡杯上，将方糖置于皇家咖啡匙上； （8）将约 15 毫升____酒倒在方糖上，让方糖吸收以便点燃； （9）用打火机点燃方糖上的白兰地，使其燃烧，燃烧完毕后用皇家咖啡勺在热咖啡在中搅拌，此时可根据自己的爱好加入咖啡伴侣。
制作红酒咖啡	拓展练习： 制作红酒咖啡 制作方法： （1）准备意式浓缩咖啡 30 毫升、糖水 10 毫升、红葡萄酒 30 毫升、牛奶 180 毫升； （2）将萃取好的意式浓缩咖啡与糖水依次倒入预热过的咖啡杯中，搅拌几下； （3）将红葡萄酒和冰牛奶倒入奶缸中，进行蒸汽打发的操作，使之成为绵密的奶沫，将红酒奶沫舀到咖啡杯中至七分满即可。

任务七 制作爱尔兰咖啡

最初的爱尔兰咖啡是都柏林机场的酒保为一位美丽的空姐所调制的。

酒保在都柏林机场邂逅了一位美丽的姑娘，她有着飘逸的长发、会说话的大眼睛，她的一举一动无不牵动着他的心，可她并不点酒，她只爱咖啡，而他擅长的是鸡尾酒。能为她亲手制作一款鸡尾酒是他最大的心愿，创作的灵感冲击着他的大脑。终于，一款融合了爱尔兰威士忌酒和咖啡的饮品在他手中诞生了。他把它命名为"爱尔兰"咖啡，并悄悄地添加在酒单里，盼望着有一天她能够点到。

等待是漫长的，一年过去了，终于她点了爱尔兰咖啡。伴着激动的泪水，他要将这份思念传递给她，便偷偷用眼泪在杯口画了一个圈。所以，第一口爱尔兰咖啡散发着思念被压抑很久后发酵的味道。

后来那位美丽的姑娘不再做空姐，回到了自己的家乡——旧金山。在那里她才知道爱尔兰咖啡是酒保专门为她创作的，为了让更多人喝到美味的爱尔兰咖啡，她也开了一家咖啡馆。就这样，爱尔兰咖啡在旧金山流行了起来。这也正是爱尔兰咖啡最早出现在都柏林，却盛行于旧金山的原因。

活动一 制作爱尔兰咖啡的准备

一、器具准备

法压壶、磨豆机、爱尔兰烤杯架、爱尔兰杯、量杯、奶油枪

（一）爱尔兰杯

爱尔兰杯是用钢化玻璃制成的耐热高脚杯，杯子的上缘与下缘各有一条黑线，在制作过程中通常与爱尔兰烤杯架配合使用。

（二）奶油枪

又称专业奶油发泡器，是制作花式咖啡必备的器材，通常由裱花嘴、气弹仓、壶体组成。

二、材料准备

爱尔兰威士忌酒、鲜奶油、黑咖啡

活动二　制作爱尔兰咖啡的步骤

（1）向杯中倒入 18 克咖啡粉（咖啡粉要求新鲜且研磨度粗），轻拍杯壁使咖啡粉分布平整；

（2）以同心圆的方式注入热水，盖过咖啡粉即可，焖蒸 30 秒，焖蒸结束后继续注水至 250 毫升；

（3）用搅拌棒轻轻搅拌均匀，使热水与咖啡粉充分混合；

（4）将滤网稍放低，盖上盖子，焖蒸 3~5 分钟；

（5）将滤网往下压萃取咖啡，使咖啡粉和咖啡分离，倒出咖啡；

（6）将爱尔兰杯置于爱尔兰烤杯架上，将方糖和爱尔兰威士忌酒注入杯中至第 1 条黑线处（约 25 毫升），并将酒精灯点燃，对准杯腹处加热，匀速转动杯子，使各面均匀受热，爱尔兰威士忌酒中的酒精因受热挥发，酒香四溢，方糖慢慢融化，将爱尔兰杯从爱尔兰烤杯架上取下，杯子倾斜，杯口对准火源点燃酒液，将杯子放平，待燃火自然熄灭；

（7）将法压壶制作的 100 毫升热咖啡缓缓注入爱尔兰杯中，至上缘金线处为宜；

（8）在咖啡顶端注入适量鲜奶油，奶油厚度以 1 厘米为佳。

制作好的爱尔兰咖啡见图 3-7-1。

图 3-7-1 爱尔兰咖啡

活动三　拓展——制作提拉米苏咖啡

（1）准备意式浓缩咖啡 30 毫升，咖啡甜酒 5 毫升，朗姆酒 5 毫升，糖水 10 毫升，牛奶 120 毫升，冰块五六块，打发过的动物奶油适量，可可粉适量；

（2）在雪克壶中依次加入咖啡甜酒、朗姆酒、糖水、牛奶和冰块；

（3）将萃取好的意式浓缩咖啡倒入雪克壶中，盖好雪克壶盖后缓慢摇晃十几下；

（4）过滤掉冰块后将混合液倒入玻璃杯中；

（5）将鲜奶油用绕圈法封住杯口；

（6）在奶油表面撒满可可粉即可。

制作好的提拉米苏咖啡见图 3-7-2。

图 3-7-2 提拉米苏咖啡

活动四　任务评价

评价项目	评价内容	本组评价	他组评价	教师评价
操作前的准备工作	准备的器具及材料	□好 □中 □差	□好 □中 □差	□好 □中 □差
操作过程	爱尔兰咖啡操作规范	□好 □中 □差	□好 □中 □差	□好 □中 □差
成品效果	爱尔兰咖啡的外观和口感	外观造型 □好 □中 □差 咖啡饮品口感 （用强、中、弱表示） 苦（ ）融合（ ）甜（ ）	外观造型 □好 □中 □差 咖啡饮品口感 （用强、中、弱表示） 苦（ ）融合（ ）甜（ ）	外观造型 □好 □中 □差 咖啡饮品口感 （用强、中、弱表示） 苦（ ）融合（ ）甜（ ）
操作结束工作	1、清理吧台台面要求 2、器具清洁要求	1、吧台台面清理 □好 □中 □差 2、器具的清洁度 □好 □中 □差	1、吧台台面清理 □好 □中 □差 2、器具的清洁度 □好 □中 □差	1、吧台台面清理 □好 □中 □差 2、器具的清洁度 □好 □中 □差
综合能力评价	□好　　　□中　　　□差			

活动五　填充任务单

任务内容	名称 / 用途 / 制作方法
制作爱尔兰咖啡的准备	器具准备：_____ 材料准备：_____
制作爱尔兰咖啡	按照操作步骤进行操作： 　　（1）向杯中倒入 18 克咖啡粉（咖啡粉要求新鲜且研磨度粗），轻拍杯壁使咖啡粉分布平整； 　　（2）以同心圆的方式注入热水，盖过咖啡粉即可，焖蒸 30 秒，焖蒸结束后继续注水至 250 毫升； 　　（3）用搅拌棒轻轻搅拌均匀，使热水与咖啡粉充分混合； 　　（4）将滤网稍放低，盖上盖子，焖蒸 3~5 分钟； 　　（5）将滤网往下压萃取咖啡，使咖啡粉和咖啡分离，倒出咖啡； 　　（6）将爱尔兰杯置于_____上，将_____和_____注入杯中至第 1 条黑线处（约 25 毫升），并将酒精灯点燃，对准杯腹处加热，匀速转动杯子，使各面均匀受热，爱尔兰威士忌酒中的酒精因受热挥发，酒香四溢，方糖慢慢融化，将爱尔兰杯从爱尔兰烤杯架上取下，杯子倾斜，杯口对准火源点燃酒液，将杯子放平，待燃火自然熄灭； 　　（7）将法压壶制作的_____毫升热咖啡缓缓注入爱尔兰杯中，至上缘_____处为宜； 　　（8）在咖啡顶端注入适量鲜奶油，奶油厚度以 1 厘米为佳。
制作提拉米苏咖啡	拓展练习： 制作提拉米苏咖啡 制作方法： 　　（1）准备意式浓缩咖啡 30 毫升，咖啡甜酒 5 毫升，朗姆酒 5 毫升，糖水 10 毫升，牛奶 120 毫升，冰块五六块，打发过的动物奶油适量，可可粉适量； 　　（2）在雪克壶中依次加入咖啡甜酒、朗姆酒、糖水、牛奶和冰块； 　　（3）将萃取好的意式浓缩咖啡倒入雪克壶中，盖好雪克壶盖后缓慢摇晃十几下； 　　（4）过滤掉冰块后将混合液倒入玻璃杯中； 　　（5）将鲜奶油用绕圈法封住杯口； 　　（6）在奶油表面撒满可可粉即可。

任务八 制作摩卡咖啡

摩卡咖啡是一种最古老的咖啡，其出现的历史要追溯到咖啡诞生初期。它是意式拿铁咖啡的变种，和经典的意式拿铁咖啡一样，通常是由三分之一的意式浓缩咖啡和三分之二的奶沫配成，不过它还会加入少量巧克力。

视频二维码

视频 3-4 摩卡咖啡的制作

活动一　制作摩卡咖啡的准备

一、器具准备

半自动咖啡机、磨豆机、吧匙、咖啡杯、挤压瓶

二、材料准备

牛奶、焦糖糖浆、咖啡豆

活动二 制作摩卡咖啡的步骤

（1）用电子秤量取 20 克的咖啡豆；

（2）将 20 克咖啡豆放进意式磨豆机，取 18 克咖啡粉；

（3）咖啡粉放进粉碗在半自动咖啡机中萃取两小杯各 18 毫升的咖啡液；

（4）将两小杯咖啡液倒入咖啡杯中；

（5）量取 30 毫升巧克力酱并倒入咖啡杯中；

（6）用勺子搅拌均匀，使浓缩咖啡和巧克力酱充分混合；

（7）用勺子把上层的奶泡挡住，将下层的牛奶倒入咖啡杯中；

（8）当达到 6~8 分满时停止注入，用勺子将奶泡舀进咖啡杯中；

（9）用巧克力酱在奶泡上挤出同心圆；

（10）用雕花棒进行雕花，每操作一步都要擦拭干净雕花棒。

制作好的摩卡咖啡见图 3-8-1。

图 3-8-1 摩卡咖啡

活动三 拓展——制作冰摩卡咖啡

（1）在玻璃杯中放入冰块，加入鲜奶至6分满，再加入一点果糖搅拌均匀；

（2）另外取个杯子，倒进咖啡后，加入少许巧克力酱搅拌均匀；

（3）将咖啡倒入玻璃杯中，上层加上鲜奶油；

（4）洒上巧克力饼干屑，再将巧克力片、巧克力饼干斜插在杯缘即可。

制作好的冰摩卡咖啡见图3-8-2。

图3-8-2 冰摩卡咖啡

活动四 任务评价

评价项目	评价内容	本组评价	他组评价	教师评价
操作前的准备工作	准备的器具及材料	□好 □中 □差	□好 □中 □差	□好 □中 □差
操作过程	摩卡咖啡操作规范	□好 □中 □差	□好 □中 □差	□好 □中 □差
成品效果	摩卡咖啡的外观和口感	外观造型 □好 □中 □差 咖啡饮品口感 （用强、中、弱表示） 苦（ ）融合（ ）甜（ ）	外观造型 □好 □中 □差 咖啡饮品口感 （用强、中、弱表示） 苦（ ）融合（ ）甜（ ）	外观造型 □好 □中 □差 咖啡饮品口感 （用强、中、弱表示） 苦（ ）融合（ ）甜（ ）
操作结束工作	1、清理吧台台面要求 2、器具清洁要求	1、吧台台面清理 □好 □中 □差 2、器具的清洁度 □好 □中 □差	1、吧台台面清理 □好 □中 □差 2、器具的清洁度 □好 □中 □差	1、吧台台面清理 □好 □中 □差 2、器具的清洁度 □好 □中 □差
综合能力评价	□好　　□中　　□差			

活动五　填充任务单

任务内容	名称 / 用途 / 制作方法
制作摩卡咖啡的准备	器具准备：_____ 材料准备：_____
制作摩卡咖啡	按照操作步骤进行操作： （1）用电子秤量取___克的咖啡豆； （2）将20克咖啡豆放进意式磨豆机，取18克咖啡粉； （3）咖啡粉放进粉碗在半自动咖啡机中萃取两小杯各18毫升的咖啡液； （4）将两小杯咖啡液倒入咖啡杯中； （5）量取___毫升巧克力酱并倒入咖啡杯中； （6）用勺子搅拌均匀，使___和巧克力酱充分混合； （7）用勺子把上层的___挡住，将下层的___倒入咖啡杯中； （8）当达到___分满时停止注入，用勺子将奶泡舀进咖啡杯中； （9）用___在奶泡上挤出同心圆； （10）用雕花棒进行雕花，每操作一步都要擦拭干净雕花棒。

单元四

★ 咖啡厅服务 ★

 本章节知识目标

在咖啡厅营业过程中，除了咖啡品质之外，服务人员服务的好坏也会影响客流量。优质的服务，往往能带来良好的经济效益。本单元主要从服饰、仪表、仪态、语言规范方面介绍咖啡厅服务人员的基本礼仪，以及服务中的迎宾服务、接待服务、送客服务的基本要求。

本章节内容设置

1. 了解咖啡厅服务人员的基本礼仪
2. 掌握迎宾服务
3. 掌握接待服务
4. 掌握送客服务

任务一 咖啡厅服务人员的礼仪规范

活动一　咖啡厅服务人员的服饰礼仪训练

一、服饰规范

服务人员给客人留下的第一印象往往很重要，代表着店铺的门面及形象。穿着得体不仅是表示对顾客的尊重，也能提升服务人员对自身工作的认同感、自豪感。

要求咖啡厅服务人员在着装的选择上要注意清洁、整齐、得体、大方，有职业装应穿着职业装。

二、仪表规范

（一）面部

1. 男士

保持干爽不油腻，时常剃胡须；眼部、嘴巴、鼻孔保持洁净，鼻毛不外露；口气清新，牙缝不留异物，不在工作日吃有刺激性气味的食物，不在工作日饮酒（图4-1-1）。

图 4-1-1 男士面部

2. 女士

保持妆面干爽不油腻，做到以淡妆为主；保持口腔的洁净，牙缝不留异物；保持清新的口气，不在工作日吃有刺激性气味的食物（图4-1-2）。

图 4-1-2 女士面部

（二）发式

要求咖啡厅服务人员发式保持干净、整齐、清爽、卫生。

1. 男士（图4-1-3）

（1）头发不能过长，长度适中（两侧不宜超过耳朵，额前不宜超过眉毛，后脑勺发长不宜及衣领，不适合光头）。

（2）勤洗头，保持清爽不留异味；定期护理修剪，保持健康及光泽感。

（3）可适当使用发胶保持头发干净整洁，但发胶不宜气味过重。

2. 女士（图4-1-4）

（1）留长发的女士应用发网或其他发饰将头发兜住，不让其散落，刘海不过眉。

（2）勤洗头，保持清爽不留异味；定期护理修剪，保持健康及光泽感，不染发。

图4-1-3 男士发式

图4-1-4 女士发式

（三）手部（图4-1-5、图4-1-6）

不论男士或女士，应保持手部洁净，不留长指甲，注意手部护理，冬天防止干裂、褶皱，夏天防止出汗；女士不涂带有颜色的指甲油。

图4-1-5 男士手部

图4-1-6 女士手部

三、仪态规范

（一）表情

表情是一个人的思想以及内在情绪的外在表现。人们的面部可以将喜怒哀乐等众多复杂的情绪展现出来，所以面部表情是除了语言交流之外的另一种交流方式。在咖啡厅服务中，服务人员应尤其注意，在日常工作中，给客人传达热情、友善、诚恳、和蔼、沉稳的形象。

1. 微笑（图 4-1-7）

微笑是世界上通用的交际语言之一，它能十分有效地向客人传达出亲切友善的情感。真诚的微笑可以增进服务人员与客人之间的关系，拉近彼此之间的距离，在微笑的时候，嘴角微微上翘，嘴唇的两末端向耳朵方向拉伸，正面弧度呈现出弧形，不发出笑声，微微一笑，展现出自己的诚意，打动顾客的心。

微笑的要求：得体、真诚、适度、合时宜。

图 4-1-7 表情

2. 目光（图 4-1-8、图 4-1-9）

俗语道："眼睛是心灵的窗户"，这句话告诉我们：眼睛是人体传递信息非常有效的器官，它能反映出一个人真实的内心情境。能够搭起人与人之间互相了解的桥梁，是人与人之间沟通的渠道。咖啡厅服务人员拥有良好的交际形象，从他们坦诚、传神、和善、亲切、友善的目光可以看出。

在咖啡厅服务人员接待客人过程中，眼神需要表达出对顾客的欢迎和关怀，采用公务凝视区域，即凝视对方两眼及额中的三角区域，注意眼神的友善和亲切，这种凝视会让对方觉得你带着诚心，容易形成良好的印象。

不能只盯着顾客的眼睛或者身体某一部分，因为这种凝视往往带着一种亲昵色彩，所以非亲密关系的人使用该种凝视容易造成误解；也不能在接待中东张西望或者俯视、斜视客人，这样显得对客人不尊重。

咖啡厅服务人员应该善于从客人的眼神中发现其需求，并上前主动询问，为其提供服务，以免错失机会。

图 4-1-8 男士目光

图 4-1-9 女士目光

（二）行礼及手势（图4-1-10、图4-1-11）

1. 行礼

在顾客进门时，积极主动上前打开门，问候客人。女士双手并拢放在体前、双腿并拢，男士双手自然下垂微微握拳放在体侧，双腿与肩同宽，面带微笑、目视前方，向前俯身鞠躬，以示欢迎。之后向客人做"请进"手势，迎接客人入座。

2. 手势

五指并拢，手掌心与地面水平线呈135度角斜向上；手掌与手臂呈直线，肘关节弯曲45度，身体微微前倾，表示尊重。

3. 其他要求

（1）不双手抱臂、叉腰、背手迎接或送走客人。

（2）送客时应注意礼貌礼节，以及送别语的使用。

（3）平等待客，对待每一位顾客都周到热情，不冷落。

（4）时刻留意客人的动态，不因歇业时间临近冷落客人，应及时提供周到服务。

图 4-1-10 行礼　　　　　　　　　图 4-1-11 手势

四、语言规范

在咖啡厅服务过程中，咖啡厅的服务人员与客人交流时需要注意使用语言的规范性。咖啡厅服务人员在提供服务时，需要保持良好的状态，注意说话的语气、语音及语调。语调方面注意抑扬顿挫，语气上缓和而不失力量；语速应尽量保持中速，一分钟所讲字数宜为 100~120 字，使客人产生一种如沐春风的感觉，让客人感到舒适。

单元四 咖啡厅服务

活动二　实训任务与检查评价

将学生分组，布置实训任务，各组根据实训任务单的要求就实训者的基本礼仪进行评分，并提出改善意见。

咖啡厅服务人员的服务规范实训任务单

任务名称	咖啡厅服务人员的服务规范实训	姓名	
任务描述	第一幕：咖啡厅每日营业前例行检查 第二幕：张先生和王小姐来到咖啡厅，服务员小李接待了他们		
组织与实施步骤	1. 小组内分配角色 2. 讨论情境中可能出现的情况，提出注意事项及解决办法 3. 模拟演练 4. 小组示范展示		
自我学习评价	□好　　□中　　□差		
小组互评	□好　　□中　　□差 优点： 不足： 改善方面：		
教师评价	□好　　□中　　□差		

任务二 迎宾服务

活动一　咖啡厅环境准备、餐桌布置

一、环境准备

优美的店面环境总能给顾客带来愉悦的享受，留下良好的印象，也能起到招徕顾客的作用，从而达到销售的目的。良好的环境离不开干净的卫生，为了让顾客更直观地体验咖啡厅的服务质量，咖啡厅整个大环境需要做到：桌面清、地面清、工作台清，服务区不留垃圾与食物，即"三清两不留"，并且桌椅需要放归原位。

合理的咖啡厅布局，需要合理区分出工作区和服务区。工作区是服务人员为顾客进行冲泡咖啡、买单等操作的区域，要预留充分的走动空间；服务区是服务人员为顾客提供服务的区域，要宽敞利于行动。

二、餐桌布置

餐桌布置顺序：铺台布——摆台——翻台

（一）铺台布（表4-2-1）

铺台布顺序：开台布——拢台布——撒台布——定位台布

表 4-2-1　铺台布步骤

铺台布步骤	图　例
开台布——站在桌子一侧，双手把台布抖开	图 4-2-1
拢台布——身子略微前倾，双手捏住台布往身子前侧收拢	图 4-2-2
撒台布——双手捏住台布三分之一段，不放手，将台布贴于桌面迅速用力推出	图 4-2-3
定位台布——调整台布中心，中线居中，四周分布均匀	图 4-2-4

图 4-2-1 开台布

图 4-2-2 拢台布

图 4-2-3 撒台布

图 4-2-4 定位台布

（二）摆台

物品准备： 纸巾盒、台卡、糖缸、装饰物。

物品要求： 干净无破损。

物品摆放要求： 不同的桌子有不同的摆放要求。例如：

（1）直角桌，台卡、装饰物及纸巾盒并列靠边摆放，不宜放在顾客通道一侧。

（2）圆桌，台卡、装饰物及纸巾盒并列置于圆桌中心。

（三）翻台

高峰期顾客较多，这就需要咖啡服务人员掌握"翻台"技巧，"翻台"要求快和准。"快"即客人离席后，迅速清空台面，撤换台布；"准"即不让客人坐在不干净的桌台，不裸露桌面，不把清洁用具或用过的物品放在桌面。

活动二　咖啡厅迎宾服务

咖啡厅服务人员迎宾的基本要求可概括为：迎客在前，送客在后，客过让路。

一、引领要求

初见客人时，应礼貌上前，友好地打招呼，例如："先生 / 女士，×××咖啡厅欢迎您的光临！""您好！请问您几位？"并亲切地询问客人有无预约；走在客人前面1米左右，并不时回头示意顾客，领客人入座（图4-2-5、图4-2-6）。

图4-2-5 打招呼　　　　　图4-2-6 领客入座

二、入座要求

服务人员在椅子正后方，右膝抵住椅背，双手向后拉椅半步（图4-2-7）；右手摆出"请"示意客人入座（图4-2-8）；待客人入座后，为客人呈上一杯水（可根据客人需要调整水温），以便客人清理口腔。（图4-2-9）

通常情况下，一桌只安排一批客人入座；如顾客无特殊要求，可安排其在靠门、靠窗的位置，彰显店铺流量；如有携带宠物进入店面的顾客，应用委婉的语言告诉顾客谢绝宠物入内；如有携带儿童用餐的顾客，应主动询问是否需要提供儿童椅等服务。

图4-2-7 向后拉椅　　　图4-2-8 示意入座　　　图4-2-9 呈上饮水

活动三　实训任务与检查评价

将学生分组，布置实训任务，各组根据实训任务单的要求就实训者的咖啡厅环境准备、餐桌布置及迎宾服务进行评分，并提出改善意见。

咖啡厅环境准备、餐桌布置及迎宾服务实训任务单

任务名称	咖啡厅环境准备、餐桌布置、迎宾服务实训	姓名	
任务描述	第一幕：咖啡厅环境准备及餐桌布置 第二幕：张先生及其夫人、张先生父母、张先生三岁的女儿到咖啡厅，服务员小王前去迎宾		
组织与实施步骤	1. 小组内分配角色 2. 讨论情境中可能出现的情况，提出注意事项及解决办法 3. 模拟演练 4. 小组示范展示		
自我学习评价	□好　　□中　　□差		
小组互评	□好　　□中　　□差 优点： 不足： 改善方面：		
教师评价	□好　　□中　　□差		

任务三 接待服务

活动一　点单服务

咖啡厅点单服务流程： 问候顾客——递送菜单——接受点单——填写记录

1. 问候顾客

向客人表示热烈地欢迎（服务用语："先生 / 女士，欢迎光临！很高兴为您服务"）并介绍自己（服务用语："我是服务员小王，有需要您可以叫我"）。

2. 递送菜单

礼貌向顾客呈递菜单，菜单正面朝向客人，接着询问客人是否开始点单（服务用语："今天您需要点哪一款咖啡？"）。

3. 接受点单

为客点单，通常情况下站在客人的右侧或站立边，但当客人超过 4 位时，为了能更好地听清客户的需求，可以适当地走动调整站位。服务人员在倾听顾客叙述时要求：身体略向前倾。认真仔细倾听客人需求，主动提供饮品信息，根据客人的需要向客人推荐，同时还要注意观察，不强行推销。顺序是先饮品后甜点。得到主宾同意后，从女宾开始点单，最后为主人点单。

视频二维码

视频 4-3-1 咖啡服务流程

4. 填写记录

填单时需要填台号、人数、服务员工号\姓名、日期。填单完成之后需要与顾客核对食物名及数量，无误后在菜单相应位置圈出标记，特殊要求需标注。注意填写姿势，不可在桌子上填写。

活动二　席间服务

一、饮品上桌（图 4-3-1）

操作要点：

1.需要将饮品呈上桌。当客人在位置上交谈时，服务人员应先使用服务用语，例如："您好，您的饮品""打扰一下，您的饮品"。

2.饮品上桌时给客人示意所点饮品名称"这是×××"，如不清楚谁点的哪种饮品，应使用服务用语询问"请问哪位点的×××"。

3.如果有老人或小孩，应先上他们所点的饮品，然后再遵循女士优先的原则摆放。

4.操作时从客人右侧将饮品上桌，将咖啡摆放在客人面前右手边，将糖盅和奶盅放在桌台中央。

5.一切就绪后，左手托盘，使用"请"的手势及服务用语请客人慢用，离开时将托盘背面贴近身体，用手臂夹带着行走。

图 4-3-1 饮品上桌

二、巡台

巡台是席间服务的重要环节，体现了咖啡厅对客人服务的好坏。要展现服务的优质，就要求服务人员具有良好的巡台习惯，随时留意客人的意向及动向。

操作要点：

1．询问及撤杯

服务人员应注意观察，当客人咖啡杯中的咖啡只剩 1/5 满时，主动上前询问客人，是否再制作添加一杯咖啡（服务用语："您好，请问还需要帮您制作一杯咖啡吗？"或"打扰一下，请问还需要帮您制作一杯咖啡吗？"），如客人需要，应及时快速为客人制作并上桌；客人饮品喝完见杯底，且不需要添加时，应主动上前将空咖啡杯及用具等及时撤掉（服务用语："您好，请问用完的杯具可撤了吗？"）。

2．清理桌面

主动清理桌面，保持干净整洁。

3．客人呼唤

当客人在呼叫时，若不能马上过去服务，应即时回应："好的，请稍等！"并迅速完成手中的工作前去服务或及时请求同事帮忙。

活动三 实训任务与检查评价

将学生分组，布置实训任务，各组根据实训任务单的要求就实训者的点单服务、席间服务进行评分，并提出改善意见。

咖啡厅点单服务、席间服务实训任务单

任务名称	咖啡厅点单服务、席间服务实训		姓名	
任务描述	第一幕：张先生及其夫人、张先生父母在咖啡厅入座后，服务员小王为其进行点单 第二幕：服务员小王为张先生一桌呈上饮品及用餐期间进行巡台			
组织与实施步骤	1. 小组内分配角色 2. 讨论情境中可能出现的情况，提出注意事项及解决办法 3. 模拟演练 4. 小组示范展示			
自我学习评价	□好　　□中　　□差			
小组互评	□好　　□中　　□差 优点： 不足： 改善方面：			
教师评价	□好　　□中　　□差			

任务四 送客服务

活动一　结账服务流程

一、操作要点

1.当客人的饮品上齐之后，服务员再次核对账单。当客人买单时，服务员将账单放入账单夹内，正面递给客人，请其核对账单（服务用语："先生／女士，这是您的帐单，请核对"）（图4-4-1）。

2.服务人员引领客人到收银台前付款。收银员询问客人付款方式。

二、付款方式

1. 客人使用现金结账

收银员双手接过现金，当客人面点清、过验钞机，并将现金放入收银箱里（服务用语："收您xx元"），如有找零的情况，需把零钱整理好双手递给客人（服务用语："您好，这是找您的零钱，请点收"），并向客人致谢。

2. 客人使用支付宝、微信等电子支付结账

收银员告知客人应付金额及优惠（服务用语："您好，一共消费xx元"），并示意客人扫码付款（服务用语："这边扫码"），并向客人致谢。

3. 客人使用信用卡结账

收银员首先需确认是否是本店可使用的信用卡，确认无误后，做好信用卡收据，将账单、收据、笔右手或双手呈递给客人检查，并请客人签字。收回后检查签字是否一致，无误后，将账单首页、信用卡存根页、信用卡右手或双手递还客人，并嘱咐客人拿好（服务用语："这是您的信用卡、信用卡存根及账单，请拿好"），并向客人致谢。

图4-4-1 核对账单

4. 客人使用签单结账

适用于饭店咖啡厅内住店客人、与饭店签订合同单位、饭店高管或 VIP 客人。收银员礼貌要求客人出示房卡，示意客人填写房间号码或者合同单位、姓名等信息；待客人签好账单，核对无误后，将账单放于账单夹内，并向客人致谢。

活动二 送客流程

咖啡厅送客流程： 询问意见——提醒道别——送客离店——检查物品

一、询问意见（图 4-4-2）

客人即将离开时，主动上前询问意见建议，如："请问您对今天的用餐满意吗？"或"请问您对我厅有什么宝贵的建议或意见吗？"，同时记录，结束后向客人表示感谢。值得注意的是，征询时长应控制在 1 分钟左右，以免耽误客人行程。

二、提醒道别（图 4-4-3）

客人起身准备离开时，主动为客人拉椅并提醒客人带好随身物品，如："先生 / 女士，请携带好您的随身物品。"同时，应目光迅速环视检查桌台、椅子、地面有无客人遗留物品，并礼貌道谢，如："先生 / 女士，感谢您的光临，希望下次再为您服务。"

图 4-4-3 提醒道别　　　　　　　　图 4-4-2 询问意见

三、送客离店（图4-4-4）

将客人送至店门口，微笑鞠躬送别，并再次欢迎客人下次光临，目送客人离店。碰到特殊天气，如遇雨天，可为客人提供打伞及叫车服务。

四、检查物品（图4-4-5）

送走客人后，迅速返回，再次仔细检查客人有无遗留物品，如有发现，客人未走远时可以立即赶上客人并返还，若客人已离开，应汇报经理并上交物品，不得私自存留，占为己有。

图4-4-4 送客离店

活动三 收台服务流程

服务员进行收台时，应注意以下几点要求（图4-4-6）：

（1）在不影响邻座客人的情况下，左手托盘，右手将杯具分类依次放入托盘内，尽可能一次将杯具装入托盘内，在4分钟时间内收拾好桌台，期间应轻拿轻放，做到不损坏物品、不打扰邻座客人。

（2）迅速将桌面清洁干净，开始规范摆台并将物品摆放整齐，不乱扔乱放，椅子放回原位，减少客人等位时间。

图4-4-5 检查物品

图4-4-6 收台

活动四　实训任务与检查评价

　　将学生分组，布置实训任务，各组根据实训任务单的要求就实训者的结账服务、送客服务、收台服务进行评分，并提出改善意见。

咖啡厅结账服务、送客服务、收台服务实训任务单

任务名称	咖啡厅结账服务、送客服务、收台服务实训	姓名	
任务描述	第一幕：张先生及其夫人用餐完毕，服务员小王、收银员小李为其进行结账服务 第二幕：服务员小王送客及收台		
组织与实施步骤	1. 小组内分配角色 2. 讨论情境中可能出现的情况，提出注意事项及解决办法 3. 模拟演练 4. 小组示范展示		
自我学习评价	□好　　□中　　□差		
小组互评	□好　　□中　　□差 优点： 不足： 改善方面：		
教师评价	□好　　□中　　□差		